U0191789

化工企业防雷安全指导手册

焦　雪　丁海芳　田　芳　编著

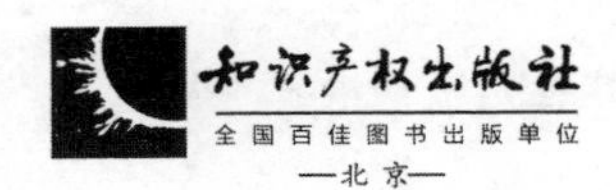
知识产权出版社
全国百佳图书出版单位
—北京—

图书在版编目（CIP）数据

化工企业防雷安全指导手册 /焦雪，丁海芳，田芳编著. —北京：知识产权出版社，2020.7

ISBN 978-7-5130-6985-4

Ⅰ. ①化… Ⅱ. ①焦… ②丁… ③田…Ⅲ. ①化工企业—防雷—安全生产—手册 Ⅳ. ①TQ086-62

中国版本图书馆 CIP 数据核字（2020）第 099048 号

内容提要

本手册的编写目的在于指导化工企业建立和完善雷电灾害防御体系，落实企业防雷安全主体责任的相关要求，加强安全隐患排查，严格落实安全生产责任制，坚决防范重特大事故发生，确保人民群众生命和财产安全。对构建和完善化工企业防雷安全管理组织机构，明确各部门相关职责，依法提供保障防雷安全生产的必备条件和加强管理的措施，细化化工企业防雷管理及雷电灾害应急预案等内容进行了详细的叙述。本手册可作为各化工企业安全生产部门的作业指导用书，也可供安全生产监督管理部门相关人员参考。

责任编辑：彭喜英　　　　责任印制：刘译文

化工企业防雷安全指导手册

HUAGONG QIYE FANGLEI ANQUAN ZHIDAO SHOUCE

焦　雪　丁海芳　田　芳　编著

出版发行：知识产权出版社有限责任公司　网　址：http://www.ipph.cn
电　话：010－82004826　http://www.laichushu.com
社　址：北京市海淀区气象路 50 号院　邮　编：100081
责编电话：010-82000860 转 8539　责编邮箱：pengxiying@cnipr.com
发行电话：010-82000860 转 8101　发行传真：010-82000893
印　刷：天津嘉恒印务有限公司　经　销：各大网上书店、新华书店及相关专业书店
开　本：880mm×1230mm　1/32　印　张：3.75
版　次：2020 年 7 月第 1 版　印　次：2020 年 7 月第 1 次印刷
字　数：85 千字　定　价：29.00 元

ISBN 978-7-5130-6985-4

本书编委会

前　言

人类与化工的关系十分密切，在现代生活中，几乎随时随地都离不开化工产品，从衣、食、住、行等物质生活到文化艺术、娱乐等精神生活，都需要化工产品为之服务。化工生产是国民经济中不可或缺的重要组成部分，是我国国民经济的基础和支柱产业。同时，化工生产中涉及危险化学品、易燃易爆品多，危险性大，发生火灾、爆炸事故概率高。化工企业一旦发生起火爆炸事故，极易引发重大财产损失和人员伤亡，还会引发巨大的环境污染。化工企业的安全生产，不仅关系到企业的生存发展，还关系到社会的稳定和国家形象。

雷击是我国频发的自然灾害，雷击时产生强大的脉冲电流、炙热的高温、猛烈的冲击波以及强烈的电磁辐射等物理效应可在瞬间产生巨大的破坏作用。联合国十年减灾委员会将其列为“最严重的十种自然灾害之一”，国际电工委员会把雷电列为“电子时代的一大公害”。我国每年因雷击造成人员伤亡近千人，雷击所导致的火灾、爆炸等事故时有发生，特别是在化工企业，雷击极易引发起火爆炸事故。雷击已成为化工行业起火爆炸的主要原因之一。

党和政府高度重视安全生产工作，习近平总书记在 2015 年5月29日十八届中共中央政治局第二十三次集体学习时的讲话指出：“确保安全生产应该作为发展的一条红线。我说过，发展不能以牺牲人的生命为代价。这个观念，必须在全社会牢固树立起来。要深刻认识安全生产工作的艰巨性、复杂性、紧迫性，坚持以人为本、生命至上，全面抓好安全生产责任制和管理、防范、监督、检查、奖惩措施的落实。要细化落实各级党委和政府的领导责任、相关部门的监管责任、**企业的主体责任**。”习近平总书记对江苏响水天嘉宜化工有限公司“3·21”爆炸事故做出了重要指示：“近期一些地方接连发生重大安全事故，各地和有关部门要深刻吸取教训，加强安全隐患排查，**严格落实安全生产责任制**，坚决防范重特大事故发生，确保人民群众生命和财产安全。”

为了帮助化工企业进一步加强防雷安全生产工作，认真履行防雷安全主体责任，落实各项防范措施，以避免或减少因雷击造成的人员伤亡和经济财产损失，江苏省防雷减灾协会和河北省防雷减灾协会组织编写了《化工企业防雷安全指导手册》。本手册在指导化工企业建立和完善雷电灾害防御体系、落实企业防雷安全主体责任的相关要求、构建和完善化工企业防雷安全管理组织机构、明确各部门相关职责、依法提供保障防雷安全生产的必备条件和加强管理的措施、细化化工企业防雷管理以及雷电灾害应急预案等方面内容进行了详细的叙述，以防止各类事故的发生。

由于编写时间仓促，加之编者的水平有限，疏漏在所难免，热忱欢迎专家和读者批评指正。本手册编写过程中得到了江苏托尔防雷检测有限公司和南京凯普勒电子科技有限公司等的大力支持，杨庆宁、张银城、涂永高、邹天晴、崔浩、游志远等同志多次参与了本手册编制讨论，提供了相关参考资料，同时江苏省气象灾害防御技术中心冯民学总工程师和南京信息工程大学肖稳安教授也提出了许多宝贵意见，在此一并表示衷心的感谢！

目　　录

第1章 政策法规

党和国家高度重视安全生产工作，防雷安全管理及防雷减灾工作在保障社会公共安全和人民生命财产安全中扮演着重要的角色。随着我国现代化进程的不断加快，防雷工作及其相关法律法规也在不断完善，一系列法律、法规、规章和标准规范相继出台，明确了各级政府防雷安全领导责任，各部门防雷安全监管责任，生产经营单位防雷安全主体责任，建立了政府监管、行业自律和社会监督相结合的防雷安全工作责任机制，全面抓好安全生产责任制和管理、防范、监督、检查、奖惩措施的落实。自2000年《中华人民共和国气象法》颁布以来，随着《中华人民共和国安全生产法》《气象灾害防御条例》《防雷减灾管理办法》等法律法规的相继颁布实施，我国雷电灾害防御法律法规体系逐步成型。同时，国务院、中国气象局、中华人民共和国应急管理部也出台了配套的条例、办法等作为上述法律法规的有效补充。此外，防雷相关的国家标准、行业标准、地方标准等也日益完善。

1.1 防雷相关法律

《中华人民共和国气象法》《中华人民共和国安全生产法》

《中华人民共和国行政许可法》和《中华人民共和国行政处罚法》是防雷安全管理工作的主要法律依据。

1.1.1 《中华人民共和国气象法》相关条款

第三十一条 各级气象主管机构应当加强对雷电灾害防御工作的组织管理，并会同有关部门指导对可能遭受雷击的建筑物、构筑物和其他设施安装的雷电灾害防护装置的检测工作。安装的雷电灾害防护装置应当符合国务院气象主管机构规定的使用要求。

第三十七条 违反本法规定，安装不符合使用要求的雷电灾害防护装置的，由有关气象主管机构责令改正，给予警告。使用不符合使用要求的雷电灾害防护装置给他人造成损失的，依法承担赔偿责任。

1.1.2 《中华人民共和国安全生产法》相关条款

第四条 生产经营单位必须遵守本法和其他有关安全生产的法律、法规，加强安全生产管理，建立、健全安全生产责任制和安全生产规章制度，改善安全生产条件，推进安全生产标准化建设，提高安全生产水平，确保安全生产。

第五条 生产经营单位的主要负责人对本单位的安全生产工作全面负责。

第十七条 生产经营单位应当具备本法和有关法律、行政法规和国家标准或者行业标准规定的安全生产条件；不具备安全生产条件的，不得从事生产经营活动。

第十八条 生产经营单位的主要负责人对本单位安全生产工作负有下列职责：

（一）建立、健全本单位安全生产责任制；

（二）组织制定本单位安全生产规章制度和操作规程；

（三）组织制定并实施本单位安全生产教育和培训计划；

（四）保证本单位安全生产投入的有效实施；

（五）督促、检查本单位的安全生产工作，及时消除生产安全事故隐患；

（六）组织制定并实施本单位的生产安全事故应急救援预案；

（七）及时、如实报告生产安全事故。

第十九条 生产经营单位的安全生产责任制应当明确各岗位的责任人员、责任范围和考核标准等内容。生产经营单位应当建立相应的机制，加强对安全生产责任制落实情况的监督考核，保证安全生产责任制的落实。

第二十条第一款 生产经营单位应当具备的安全生产条件所必需的资金投入，由生产经营单位的决策机构、主要负责人或者个人经营的投资人予以保证，并对由于安全生产所必需的资金投入不足导致的后果承担责任。

第二十一条 矿山、金属冶炼、建筑施工、道路运输单位和危险物品的生产、经营、储存单位，应当设置安全生产管理机构或者配备专职安全生产管理人员。

前款规定以外的其他生产经营单位，从业人员超过一百人的，应当设置安全生产管理机构或者配备专职安全生产管理人员；从业人员在一百人以下的，应当配备专职或者兼职的安全生产管理人员。

第二十二条 生产经营单位的安全生产管理机构以及安全生产管理人员履行下列职责：

（一）组织或者参与拟订本单位安全生产规章制度、操作规程和生产安全事故应急救援预案；

（二）组织或者参与本单位安全生产教育和培训，如实记录安全生产教育和培训情况；

（三）督促落实本单位重大危险源的安全管理措施；

（四）组织或者参与本单位应急救援演练；

（五）检查本单位的安全生产状况，及时排查生产安全事故隐患，提出改进安全生产管理的建议；

（六）制止和纠正违章指挥、强令冒险作业、违反操作规程的行为；

（七）督促落实本单位安全生产整改措施。

第二十三条第一款 生产经营单位的安全生产管理机构以及安全生产管理人员应当恪尽职守，依法履行职责。

第二十四条第一款 生产经营单位的主要负责人和安全生产管理人员必须具备与本单位所从事的生产经营活动相应的安全生产知识和管理能力。

第二十五条第一款 生产经营单位应当对从业人员进行安全生产教育和培训，保证从业人员具备必要的安全生产知识，熟悉有关的安全生产规章制度和安全操作规程，掌握本岗位的安全操作技能，了解事故应急处理措施，知悉自身在安全生产方面的权利和义务。未经安全生产教育和培训合格的从业人员，不得上岗作业。

第二十五条第三款 生产经营单位应当建立安全生产教育和培训档案，如实记录安全生产教育和培训的时间、内容、参加人员以及考核结果等情况。

第二十八条 生产经营单位新建、改建、扩建工程项目（以下统称建设项目）的安全设施，必须与主体工程同时设计、同时施工、同时投入生产和使用。安全设施投资应当纳入建设项目概算。

第二十九条 矿山、金属冶炼建设项目和用于生产、储存、装卸危险物品的建设项目，应当按照国家有关规定进行安全评价。

第三十一条第二款 矿山、金属冶炼建设项目和用于生产、储存危险物品的建设项目竣工投入生产或者使用前，应当由建设单位负责组织对安全设施进行验收；验收合格后，方可投入生产和使用。安全生产监督管理部门应当加强对建设单位验收活动和验收结果的监督核查。

第三十二条 生产经营单位应当在有较大危险因素的生产经营场所和有关设施、设备上，设置明显的安全警示标志。

第三十三条 安全设备的设计、制造、安装、使用、检测、维修、改造和报废，应当符合国家标准或者行业标准。

生产经营单位必须对安全设备进行经常性维护、保养，并定期检测，保证正常运转。维护、保养、检测应当作好记录，并由有关人员签字。

第三十八条第一款 生产经营单位应当建立健全生产安全事故隐患排查治理制度，采取技术、管理措施，及时发现并消除事故隐患。事故隐患排查治理情况应当如实记录，并向从业人员通报。

第四十三条 生产经营单位的安全生产管理人员应当根据本单位的生产经营特点，对安全生产状况进行经常性检查；对检查中发现的安全问题，应当立即处理；不能处理的，应当及时报告本单位有关负责人，有关负责人应当及时处理。检查及处理情况应当如实记录在案。

生产经营单位的安全生产管理人员在检查中发现重大事故隐患，依照前款规定向本单位有关负责人报告，有关负责人不及时处理的，安全生产管理人员可以向主管的负有安全生产监督管理职责的部门报告，接到报告的部门应当依法及时处理。

第四十四条 生产经营单位应当安排用于配备劳动防护用品、进行安全生产培训的经费。

第四十七条 生产经营单位发生生产安全事故时，单位的主要负责人应当立即组织抢救，并不得在事故调查处理期间擅离职守。

第五十五条 从业人员应当接受安全生产教育和培训，掌握本职工作所需的安全生产知识，提高安全生产技能，增强事故预防和应急处理能力。

第七十六条 国家加强生产安全事故应急能力建设，在重点行业、领域建立应急救援基地和应急救援队伍，鼓励生产经营单位和其他社会力量建立应急救援队伍，配备相应的应急救援装备和物资，提高应急救援的专业化水平。

国务院安全生产监督管理部门建立全国统一的生产安全事故应急救援信息系统，国务院有关部门建立健全相关行业、领域的生产安全事故应急救援信息系统。

第七十七条 县级以上地方各级人民政府应当组织有关部门制定本行政区域内生产安全事故应急救援预案，建立应急救援体系。

第七十八条 生产经营单位应当制定本单位生产安全事故应急救援预案，与所在地县级以上地方人民政府组织制定的生产安全事故应急救援预案相衔接，并定期组织演练。

第八十条 生产经营单位发生生产安全事故后，事故现场有关人员应当立即报告本单位负责人。

单位负责人接到事故报告后，应当迅速采取有效措施，组织抢救，防止事故扩大，减少人员伤亡和财产损失，并按照国家有关规定立即如实报告当地负有安全生产监督管理职责的部门，不得隐瞒不报、谎报或者迟报，不得故意破坏事故现场、毁灭有关证据。

第八十一条　负有安全生产监督管理职责的部门接到事故报告后，应当立即按照国家有关规定上报事故情况。负有安全生产监督管理职责的部门和有关地方人民政府对事故情况不得隐瞒不报、谎报或者迟报。

第八十二条　有关地方人民政府和负有安全生产监督管理职责的部门的负责人接到生产安全事故报告后，应当按照生产安全事故应急救援预案的要求立即赶到事故现场，组织事故抢救。

参与事故抢救的部门和单位应当服从统一指挥，加强协同联动，采取有效的应急救援措施，并根据事故救援的需要采取警戒、疏散等措施，防止事故扩大和次生灾害的发生，减少人员伤亡和财产损失。

事故抢救过程中应当采取必要措施，避免或者减少对环境造成的危害。

任何单位和个人都应当支持、配合事故抢救，并提供一切便利条件。

第八十三条　事故调查处理应当按照科学严谨、依法依规、实事求是、注重实效的原则，及时、准确地查清事故原因，查明事故性质和责任，总结事故教训，提出整改措施，并对事故责任者提出处理意见。事故调查报告应当依法及时向社会公布。事故调查和处理的具体办法由国务院制定。

事故发生单位应当及时全面落实整改措施，负有安全生产监督管理职责的部门应当加强监督检查。

第九十条　生产经营单位的决策机构、主要负责人或者个人经营的投资人不依照本法规定保证安全生产所必需的资金投入，致使生产经营单位不具备安全生产条件的，责令限期改正，提供必需的资金；逾期未改正的，责令生产经营单位停产停业整顿。

有前款违法行为，导致发生生产安全事故的，对生产经营单位的主要负责人给予撤职处分，对个人经营的投资人处二万元以上二十万元以下的罚款；构成犯罪的，依照刑法有关规定追究刑事责任。

第九十一条 生产经营单位的主要负责人未履行本法规定的安全生产管理职责的，责令限期改正；逾期未改正的，处二万元以上五万元以下的罚款，责令生产经营单位停产停业整顿。

生产经营单位的主要负责人有前款违法行为，导致发生生产安全事故的，给予撤职处分；构成犯罪的，依照刑法有关规定追究刑事责任。

生产经营单位的主要负责人依照前款规定受刑事处罚或者撤职处分的，自刑罚执行完毕或者受处分之日起，五年内不得担任任何生产经营单位的主要负责人；对重大、特别重大生产安全事故负有责任的，终身不得担任本行业生产经营单位的主要负责人。

第九十二条 生产经营单位的主要负责人未履行本法规定的安全生产管理职责，导致发生生产安全事故的，由安全生产监督管理部门依照下列规定处以罚款：

（一）发生一般事故的，处上一年年收入百分之三十的罚款；

（二）发生较大事故的，处上一年年收入百分之四十的罚款；

（三）发生重大事故的，处上一年年收入百分之六十的罚款；

（四）发生特别重大事故的，处上一年年收入百分之八十的罚款。

第九十三条　生产经营单位的安全生产管理人员未履行本法规定的安全生产管理职责的，责令限期改正；导致发生生产安全事故的，暂停或者撤销其与安全生产有关的资格；构成犯罪的，依照刑法有关规定追究刑事责任。

第九十四条　生产经营单位有下列行为之一的，责令限期改正，可以处五万元以下的罚款；逾期未改正的，责令停产停业整顿，并处五万元以上十万元以下的罚款，对其直接负责的主管人员和其他直接责任人员处一万元以上二万元以下的罚款：

（一）未按照规定设置安全生产管理机构或者配备安全生产管理人员的；

（二）危险物品的生产、经营、储存单位以及矿山、金属冶炼、建筑施工、道路运输单位的主要负责人和安全生产管理人员未按照规定经考核合格的；

（三）未按照规定对从业人员、被派遣劳动者、实习学生进行安全生产教育和培训，或者未按照规定如实告知有关的安全生产事项的；

（四）未如实记录安全生产教育和培训情况的；

（五）未将事故隐患排查治理情况如实记录或者未向从业人员通报的；

（六）未按照规定制定生产安全事故应急救援预案或者未定期组织演练的；

（七）特种作业人员未按照规定经专门的安全作业培训并取得相应资格，上岗作业的。

第九十六条　生产经营单位有下列行为之一的，责令限期改正，可以处五万元以下的罚款；逾期未改正的，处五万元以上二十万元以下的罚款，对其直接负责的主管人员和其他直接责任人员处一万元以上二万元以下的罚款；情节严重的，责令停产停业整顿；构成犯罪的，依照刑法有关规定追究刑事责任：

（一）未在有较大危险因素的生产经营场所和有关设施、设备上设置明显的安全警示标志的；

（二）安全设备的安装、使用、检测、改造和报废不符合国家标准或者行业标准的；

（三）未对安全设备进行经常性维护、保养和定期检测的；

（四）未为从业人员提供符合国家标准或者行业标准的劳动防护用品的；

（五）危险物品的容器、运输工具，以及涉及人身安全、危险性较大的海洋石油开采特种设备和矿山井下特种设备未经具有专业资质的机构检测、检验合格，取得安全使用证或者安全标志，投入使用的；

（六）使用应当淘汰的危及生产安全的工艺、设备的。

第九十九条 生产经营单位未采取措施消除事故隐患的，责令立即消除或者限期消除；生产经营单位拒不执行的，责令停产停业整顿，并处十万元以上五十万元以下的罚款，对其直接负责的主管人员和其他直接责任人员处二万元以上五万元以下的罚款。

1.2 防雷相关法规

与防雷安全生产管理相关的法规有《气象灾害防御条例》《国务院对确需保留的行政审批项目设定行政许可的决定》《生产安全事故报告和调查处理条例》《危险化学品安全管理条例》《国务院关于特大安全事故行政责任追究的规定》和若干防雷地方性法规。

1.2.1　《气象灾害防御条例》相关条款

第二十三条　各类建（构）筑物、场所和设施安装雷电防护装置应当符合国家有关防雷标准的规定。新建、改建、扩建建（构）筑物、场所和设施的雷电防护装置应当与主体工程同时设计、同时施工、同时投入使用。

新建、改建、扩建建设工程雷电防护装置的设计、施工，可以由取得相应建设、公路、水路、铁路、民航、水利、电力、核电、通信等专业工程设计、施工资质的单位承担。

油库、气库、弹药库、化学品仓库和烟花爆竹、石化等易燃易爆工程和场所，雷电易发区内的矿区、旅游景点或者投入使用的建（构）筑物、设施等需要单独安装雷电防护装置的场所，以及雷电风险高且没有防雷标准规范、需要进行特殊论证的大型项目，其雷电防护装置的设计审核和竣工验收由县级以上地方气象主管机构负责。未经设计审核或者设计审核不合格的，不得施工；未经竣工验收或者竣工验收不合格的，不得交付使用。

房屋建筑、市政基础设施、公路、水路、铁路、民航、水利、电力、核电、通信等建设工程的主管部门，负责相应领域内建设工程的防雷管理。

第二十四条　专门从事雷电防护装置设计、施工、检测的单位应当具备下列条件，取得国务院气象主管机构或者省、自治区、直辖市气象主管机构颁发的资质证：

（一）有法人资格；

（二）有固定的办公场所和必要的设备、设施；

（三）有相应的专业技术人员；

（四）有完备的技术和质量管理制度；

（五）国务院气象主管机构规定的其他条件。

从事电力、通信雷电防护装置检测的单位的资质证由国务院气象主管机构和国务院电力或者国务院通信主管部门共同颁发。

第四十五条 违反本条例规定，有下列行为之一的，由县级以上气象主管机构或者其他有关部门按照权限责令停止违法行为，处5万元以上10万元以下的罚款；有违法所得的，没收违法所得；给他人造成损失的，依法承担赔偿责任：

（一）无资质或者超越资质许可范围从事雷电防护装置设计、施工、检测的；

（二）在雷电防护装置设计、施工、检测中弄虚作假的；

（三）违反本条例第二十三条第三款的规定，雷电防护装置未经设计审核或者设计审核不合格施工的，未经竣工验收或者竣工验收不合格交付使用的。

1.2.2 《危险化学品安全管理条例》相关条款

第二十条 生产、储存危险化学品的单位，应当根据其生产、储存的危险化学品的种类和危险特性，在作业场所设置相应的监测、监控、通风、防晒、调温、防火、灭火、防爆、泄压、防毒、中和、防潮、防雷、防静电、防腐、防泄漏以及防护围堤或者隔离操作等安全设施、设备，并按照国家标准、行业标准或者国家有关规定对安全设施、设备进行经常性维护、保养，保证安全设施、设备的正常使用。

生产、储存危险化学品的单位，应当在其作业场所和安全设施、设备上设置明显的安全警示标志。

1.3 防雷相关规章

为了加强化工企业雷电灾害防御工作，提高雷电灾害防御能力和水平，保护国家利益和人民生命财产安全，维护公共安全，促进经济建设和社会发展，各化工企业应遵从《防雷减灾管理办法》《雷电防护装置检测资质管理办法》《生产安全事故应急条例》《生产安全事故应急预案管理办法》以及《防雷装置设计审核和竣工验收规定》等防雷规章的有关规定。

1.3.1 《防雷减灾管理办法（修订）》（中国气象局第 24 号令）相关条款

第三条　防雷减灾工作，实行安全第一、预防为主、防治结合的原则。

第四条　国务院气象主管机构负责组织管理和指导全国防雷减灾工作。

地方各级气象主管机构在上级气象主管机构和本级人民政府的领导下，负责组织管理本行政区域内的防雷减灾工作。

国务院其他有关部门和地方各级人民政府其他有关部门应当按照职责做好本部门和本单位的防雷减灾工作，并接受同级气象主管机构的监督管理。

第五条　国家鼓励和支持防雷减灾的科学技术研究和开发，推广应用防雷科技研究成果，加强防雷标准化工作，提高防雷技术水平，开展防雷减灾科普宣传，增强全民防雷减灾意识。

第六条　外国组织和个人在中华人民共和国领域和中华人民共和国管辖的其他海域从事防雷减灾活动，应当经国务院气象主管机构会同有关部门批准，并在当地省级气象主管机构备案，接受当地省级气象主管机构的监督管理。

第十一条　各类建（构）筑物、场所和设施安装的雷电防护装置（以下简称防雷装置），应当符合国家有关防雷标准和国务院气象主管机构规定的使用要求，并由具有相应资质的单位承担设计、施工和检测。

本办法所称防雷装置，是指接闪器、引下线、接地装置、电涌保护器及其连接导体等构成的，用以防御雷电灾害的设施或者系统。

第十九条 投入使用后的防雷装置实行定期检测制度。防雷装置应当每年检测一次，对爆炸和火灾危险环境场所的防雷装置应当每半年检测一次。

第二十二条 防雷装置所有人或受托人应当指定专人负责，做好防雷装置的日常维护工作。发现防雷装置存在隐患时，应当及时采取措施进行处理。

第二十三条 已安装防雷装置的单位或者个人应当主动委托有相应资质的防雷装置检测机构进行定期检测，并接受当地气象主管机构和当地人民政府安全生产管理部门的管理和监督检查。

第二十五条 遭受雷电灾害的组织和个人，应当及时向当地气象主管机构报告，并协助当地气象主管机构对雷电灾害进行调查与鉴定。

第二十八条 防雷产品应当符合国务院气象主管机构规定的使用要求。

第三十五条 违反本办法规定，有下列行为之一的，由县级以上气象主管机构按照权限责令改正，给予警告，可以处 1 万元以上 3 万元以下罚款；给他人造成损失的，依法承担赔偿责任；构成犯罪的，依法追究刑事责任：

（一）应当安装防雷装置而拒不安装的；

（二）使用不符合使用要求的防雷装置或者产品的；

（三）已有防雷装置，拒绝进行检测或者经检测不合格又拒不整改的；

（四）对重大雷电灾害事故隐瞒不报的。

1.3.2 《雷电防护装置检测资质管理办法》（中国气象局第31号令）相关条款

第四条 防雷装置检测资质等级分为甲、乙两级。

甲级资质单位可以从事《建筑物防雷设计规范》规定的第一类、第二类、第三类建（构）筑物的防雷装置的检测。

乙级资质单位可以从事《建筑物防雷设计规范》规定的第三类建（构）筑物的防雷装置的检测。

第十九条 防雷装置检测单位不得与其检测项目的设计、施工单位以及所使用的防雷产品生产、销售单位有隶属关系或者其他利害关系。

1.3.3 《生产安全事故应急条例》（中华人民共和国国务院第708号令）相关条款

第五条 县级以上人民政府及其负有安全生产监督管理职责的部门和乡、镇人民政府以及街道办事处等地方人民政府派出机关，应当针对可能发生的生产安全事故的特点和危害，进行风险辨识和评估，制定相应的生产安全事故应急救援预案，并依法向社会公布。

生产经营单位应当针对本单位可能发生的生产安全事故的特点和危害，进行风险辨识和评估，制定相应的生产安全事故应急救援预案，并向本单位从业人员公布。

第六条 生产安全事故应急救援预案应当符合有关法律、法规、规章和标准的规定，具有科学性、针对性和可操作性，明确规定应急组织体系、职责分工以及应急救援程序和措施。

有下列情形之一的，生产安全事故应急救援预案制定单位应当及时修订相关预案：

（一）制定预案所依据的法律、法规、规章、标准发生重大变化；

（二）应急指挥机构及其职责发生调整；

（三）安全生产面临的风险发生重大变化；

（四）重要应急资源发生重大变化；

（五）在预案演练或者应急救援中发现需要修订预案的重大问题；

（六）其他应当修订的情形。

第八条 县级以上地方人民政府以及县级以上人民政府负有安全生产监督管理职责的部门，乡、镇人民政府以及街道办事处等地方人民政府派出机关，应当至少每2年组织1次生产安全事故应急救援预案演练。

易燃易爆物品、危险化学品等危险物品的生产、经营、储存、运输单位，矿山、金属冶炼、城市轨道交通运营、建筑施工单位，以及宾馆、商场、娱乐场所、旅游景区等人员密集场所经营单位，应当至少每半年组织1次生产安全事故应急救援预案演练，并将演练情况报送所在地县级以上地方人民政府负有安全生产监督管理职责的部门。

县级以上地方人民政府负有安全生产监督管理职责的部门应当对本行政区域内前款规定的重点生产经营单位的生产安全事故应急救援预案演练进行抽查；发现演练不符合要求的，应当责令限期改正。

1.3.4 《生产安全事故应急预案管理办法》（中华人民共和国应急管理部第2号令）相关条款

第五条 生产经营单位主要负责人负责组织编制和实施本

单位的应急预案，并对应急预案的真实性和实用性负责；各分管负责人应当按照职责分工落实应急预案规定的职责。

第六条 生产经营单位应急预案分为综合应急预案、专项应急预案和现场处置方案。综合应急预案，是指生产经营单位为应对各种生产安全事故而制定的综合性工作方案，是本单位应对生产安全事故的总体工作程序、措施和应急预案体系的总纲。专项应急预案，是指生产经营单位为应对某一种或者多种类型生产安全事故，或者针对重要生产设施、重大危险源、重大活动防止生产安全事故而制定的专项性工作方案。现场处置方案，是指生产经营单位根据不同生产安全事故类型，针对具体场所、装置或者设施所制定的应急处置措施。

1.3.5 其他相关规章

其他相关规章包括《防雷装置设计审核和竣工验收规定》（中国气象局第 21 号令）等。

1.4 防雷相关管理文件

为了进一步健全防雷安全责任体系，加强事中、事后监管，保障公共安全，我国制定了一系列化工企业防雷安全方面的管理文件。下面列举一些常用的防雷相关规范性文件。

1.4.1 《中共中央 国务院关于推进安全生产领域改革发展的意见》相关条款

安全生产是关系人民群众生命财产安全的大事，是经济社会协调健康发展的标志，是党和政府对人民利益高度负责的要求。

党中央、国务院历来高度重视安全生产工作，党的十八大以来作出一系列重大决策部署，推动全国安全生产工作取得积极进展。但风险隐患仍然很多，例如，安全生产基础薄弱、监管体制机制和法律制度不完善、企业主体责任落实不力等问题依然突出，生产安全事故易发多发，尤其是重特大安全事故频发势头尚未得到有效遏制，一些事故发生呈现由高危行业领域向其他行业领域蔓延趋势，直接危及生产安全和公共安全。为进一步加强安全生产工作，现就推进安全生产领域改革发展提出如下意见。

…………

严格落实企业主体责任。企业对本单位安全生产和职业健康工作负全面责任，要严格履行安全生产法定责任，建立健全自我约束、持续改进的内生机制。企业实行全员安全生产责任制度，法定代表人和实际控制人同为安全生产第一责任人，主要技术负责人负有安全生产技术决策和指挥权，强化部门安全生产职责，落实一岗双责。完善落实混合所有制企业以及跨地区、多层级和境外中资企业投资主体的安全生产责任。建立企业全过程安全生产和职业健康管理制度，做到安全责任、管理、投入、培训和应急救援“五到位”。国有企业要发挥安全生产工作示范带头作用，自觉接受属地监管。

强化企业预防措施。企业要定期开展风险评估和危害辨识。针对高危工艺、设备、物品、场所和岗位，建立分级管控制度，制定落实安全操作规程。树立隐患就是事故的观念，建立健全隐患排查治理制度、重大隐患治理情况向负有安全生产监督管理职责的部门和企业职代会“双报告”制度，实行自查自改自报闭环管理。严格执行安全生产和职业健康“三同时”制度。

大力推进企业安全生产标准化建设，实现安全管理、操作行为、设备设施和作业环境的标准化。开展经常性的应急演练和人员避险自救培训，着力提升现场应急处置能力。

1.4.2　《国务院关于优化建设工程防雷许可的决定》(国发〔2016〕39 号) 相关条款

根据简政放权、放管结合、优化服务协同推进的改革要求，为减少建设工程防雷重复许可、重复监管，切实减轻企业负担，进一步明确和落实政府相关部门责任，加强事中事后监管，保障建设工程防雷安全，现作出如下决定：

油库、气库、弹药库、化学品仓库、烟花爆竹、石化等易燃易爆建设工程和场所，雷电易发区内的矿区、旅游景点或者投入使用的建（构）筑物、设施等需要单独安装雷电防护装置的场所，以及雷电风险高且没有防雷标准规范、需要进行特殊论证的大型项目，仍由气象部门负责防雷装置设计审核和竣工验收许可。

1.4.3　其他相关管理文件

《中共中央办公厅　国务院办公厅关于推进城市安全发展的意见》（中办发〔2018〕1 号）

《中国气象局等 11 部委关于贯彻落实〈国务院关于优化建设工程防雷许可的决定〉的通知》（气发〔2016〕79 号）

《中国气象局关于进一步贯彻落实〈国务院关于优化建设工程防雷许可的决定〉的实施意见》（气发〔2017〕16 号）

《中国气象局关于进一步加强防雷减灾安全监管工作的通知》（气发〔2017〕77 号）

地方政府及相关部门关于防雷安全方面的管理文件。

1.5 技术规范

技术规范是标准化领域中需要协调统一的技术事项所制定的标准。防雷技术规范是从事防雷减灾工作需要共同遵守的技术依据。为了做好防雷减灾工作，我国制定了一系列防雷相关的国家标准、行业标准、地方标准和团体标准，是做好防雷减灾工作的主要执行和参考依据。下面列举一些常用的国家标准和行业标准。

1.5.1 国家标准

《建筑物防雷设计规范》（GB 50057—2010）

《建筑物电子信息系统防雷技术规范》（GB 50343—2012）

《建筑物防雷装置检测技术规范》（GB/T 21431—2015）

《建筑电气工程施工质量验收规范》（GB 50303—2015）

《石油与石油设施雷电安全规范》（GB 15599—2009）

《电子设备雷击保护导则》（GB 7450—87）

《工业与民用电力装置的接地设计规范》（GBJ 65—83）

《汽车加油加气站设计与施工规范》（GB 50156—2012 2014 修订版）

《民用爆破器材工程设计安全规范》（GB 50089—2007）

《城镇燃气设计规范》（GB 50028—2006）（2017 修订）

《建筑物防雷工程施工与质量验收规范》（GB 50601—2010）

《石油化工装置防雷设计规范》（GB 50650—2011）

《石油库设计规范》（GB 50074—2014）

《烟花爆竹工程设计安全规范》（GB 50161—2009）

《电子信息系统机房设计规范》（GB 50174—2008）

《防雷装置检查服务规范》（GB/T 32938—2016）

《爆炸和火灾危险场所防雷装置检测技术规范》（GB/T 32937—2016）

《爆炸危险场所雷击风险评价方法》（GB/T 32936—2016）

《通信局(站)防雷装置检测技术规范》(GB/T 33676—2017)

1.5.2 行业标准

《雷电灾害风险评估技术规范》（QX/T 85—2018）

《爆炸和火灾危险环境防雷装置检测技术规范》（QX/T 110—2009）

《城镇燃气防雷技术规范》（QX/T 109—2009）

《电涌保护器测试方法》（QX/T 108—2009）

《防雷装置设计技术评价规范》（QX/T 106—2009）

《防雷装置施工质量监督与验收规范》（QX/T 105—2009）

《雷电灾害调查技术规范》（QX/T 103—2017）

《运行中电涌保护器检测技术规范》（QX/T 86—2007）

《防雷安全检查规程》（QX/T 400—2017）

《雷电防护装置检测单位年度报告规范》（QX/T 403—2017）

《电涌保护器产品质量监督抽查规范》（QX/T 404—2017）

《防雷安全管理规范》（QX/T 309—2017）

《雷电防护装置定期检测报告编制规范》（QX/T 232—2019）

第2章 化工企业防雷安全责任体系

自党的十八大以来，以习近平同志为核心的党中央对安全生产工作高度重视，习近平总书记多次主持召开安全生产专题会议，并对做好安全生产工作做出重要指示，提出了一系列新思想、新观点、新论断，形成了习近平总书记关于安全生产重要论述。习近平总书记在 2015 年 5 月 29 日十八届中共中央政治局第二十三次集体学习时的讲话指出："要深刻认识安全生产工作的艰巨性、复杂性、紧迫性，坚持以人为本、生命至上，全面抓好安全生产责任制和管理、防范、监督、检查、奖惩措施的落实。要细化落实各级党委和政府的领导责任、相关部门的监管责任、企业的主体责任。""安全生产基础薄弱、监管体制机制和法律制度不完善、企业主体责任落实不力等问题依然突出，生产安全事故易发多发，尤其是重特大安全事故频发势头尚未得到有效遏制。"《中共中央 国务院关于推进安全生产领域改革发展的意见》对当前安全生产形势做了科学客观的评价，并指出："企业对本单位安全生产和职业健康工作负全面责任，要严格履行安全生产法定责任，建立健全自我约束、持续改进的内生机制。"

针对安全生产责任体系不完善的问题，习近平总书记提出了“直接监管、综合监管、属地监管”的新方式，“管行业必须管安全，管业务必须管安全，管生产必须管安全”的新要求和“党政同责、一岗双责、齐抓共管、失职追责”的新思想，并且要求企业作为安全生产的主体必须做到安全投入到位、安全培训到位、基础管理到位、应急救援到位，构建集党委和政府的领导责任、部门监管责任、企业主体责任为一体的责任体系。因此，化工企业切实加强防雷安全工作，落实好防雷安全主体责任，是防止雷电灾害事故发生的关键。

2.1　化工企业防雷安全法定职责

防雷安全工作应坚持“安全第一、预防为主、综合治理”的方针，依据《中华人民共和国安全生产法》和防雷减灾相关法律规范，化工生产企业负有防雷安全的主体责任为：化工企业应建立防雷管理机构，制定防雷安全管理制度，实施风险分级管控措施，健全安全隐患排查整改机制，做到事故预防关口前移，重心下移。主要包括以下方面。

（1）法定代表人和实际控制人同为安全生产第一责任人，化工企业主要负责人是防雷安全第一责任人，对本企业的雷电灾害防御负全面责任。

（2）应建立防雷安全管理机构，明确机构设置、人员和职责，明确防雷安全相关责任人。

（3）应建立健全防雷安全检查、雷电灾害应急响应、考核、档案管理、培训等各项制度，加强防雷安全管理。

（4）组织落实本企业开展防雷安全工作（建设、检测、维护、培训等）所必需的经费预算和执行情况。

（5）应结合生产经营实践，制订防雷安全年度宣传教育和培训计划，按计划组织人员进行防雷安全教育培训。

（6）建（构）筑物和生产、经营、使用、存储等活动场所应当按照国家有关规定安装防雷装置，防雷装置应当符合国家和行业防雷安全防护标准。

（7）化工企业新建建（构）筑物防雷装置的建设应当由气象部门负责防雷装置设计审核和竣工验收许可，防雷装置设计应当符合国家有关防雷安全防护标准。

（8）加强已投入使用防雷装置的安全生产管理，应全面了解企业防雷装置现状，确定防御重点部位，设置安全标志，定期开展巡查、自查，对雷电灾害安全隐患进行排查，定期委托有相应资质的防雷装置检测机构对本企业的防雷装置进行检测，检测报告应存档备查。自检、检查单位检测和主管部门执法检查发现的安全隐患应及时整改排除，确保防雷装置正常运行。

（9）明确专人负责收集了解雷电灾害预警信息，及时组织开展雷电灾害应急响应等防御工作，制定本企业雷电灾害应急预案，开展应急预案演练并记录演练情况。在雷电灾害发生期间，开展雷电灾害防御及救援等工作，雷电灾害发生以后，及时收集灾情并报当地气象主管机构。

（10）建立健全雷电灾害防御档案，并统一保管。

化工企业应依法依规履行防雷安全生产主体责任，气象主管机构将按照各项法规要求，进行防雷装置安全检查，本手册结合企业主体责任内容和气象主管机构检查要点以及企业在主体责任履行不到位时应负的法律责任等方面给出制定相关措施的指导意见，内容见表 2.1。

表 2.1　防雷安全主体责任内容

序号	主体责任	具体责任事项	执行依据	检查要点	履行不到位时应负的法律责任	具体措施
1	防雷安全管理机构和人员	明确负责防雷安全管理任务的机构和人员	《中华人民共和国安全生产法》第十九条 《中华人民共和国安全生产法》第二十一条 《中华人民共和国安全生产法》第二十二条	承担防雷安全管理任务的机构、人员、职责	《中华人民共和国安全生产法》第九十三条 《中华人民共和国安全生产法》第九十四条	见本手册2.2节
2	防雷安全生产规章制度	年度防雷安全生产目标责任制度	《中华人民共和国安全生产法》第十八条 《中华人民共和国安全生产法》第十九条 《中华人民共和国安全生产法》第二十五条	是否建立防雷安全检查、考核及档案管理制度，相关规章制度制定、执行情况； 相关文件、资料、技术规范等文档的完备及规范归档情况	《中华人民共和国安全生产法》第九十一条	见本手册2.3节
		年度防雷工作计划制度				
		防雷安全管理资金投入责任制度				
		防雷安全例会制度				
		新建项目防雷装置审核验收制度				
		防护装置检测维护制度				
		防雷安全培训教育制度				
		雷电灾害应急响应制度				
		雷电灾害防御档案管理制度				

续表

序号	主体责任	具体责任事项	执行依据	检查要点	履行不到位时应负的法律责任	具体措施
3	防雷安全管理资金投入	落实防雷装置设计、安装、定期检查及整改经费	《中华人民共和国安全生产法》第十八条 《中华人民共和国安全生产法》第二十条 《中华人民共和国安全生产法》第四十四条	是否落实防雷装置设计、安装、检查和整改经费；是否落实防雷管理人员培训教育经费	《中华人民共和国安全生产法》第九十条	见本手册2.3.3节
		落实防雷管理人员培训教育经费				
4	防雷安全宣传教育培训	制订防雷安全年度宣传教育和培训计划	《中华人民共和国安全生产法》第二十二条 《中华人民共和国安全生产法》第二十五条 《中华人民共和国安全生产法》第五十五条	是否制订防雷安全年度宣传教育和培训计划，并按计划开展防雷安全教育培训落实情况	《中华人民共和国安全生产法》第九十四条	见本手册第5章
		按计划组织人员进行防雷安全教育培训				
5	防雷装置设计技术评价和竣工验收符合法定要求	生产经营场所防雷装置应按国家标准设计，设计技术评价应经过法定部门审核合格，防雷装置竣工应经过法定部门验收合格	《中华人民共和国气象法》第三十一条 《国务院关于优化建设工程防雷许可的决定》（国发〔2016〕39号） 《气象灾害防御条例》第二十三条 《防雷减灾管理办法》第十一条	生产经营场所防雷装置应按国家标准设计，设计技术评价是否经过法定部门审核合格，防雷装置竣工是否经过法定部门验收合格	《防雷减灾管理办法》第三十五条 《气象灾害防御条例》第四十五条	见本手册3.1节

续表

<table>
<tr><th>序号</th><th>主体责任</th><th>具体责任事项</th><th>执行依据</th><th>检查要点</th><th>履行不到位时应负的法律责任</th><th>具体措施</th></tr>
<tr><td rowspan="2">6</td><td rowspan="2">防雷装置或产品保障责任</td><td>生产经营场所应按要求安装防雷装置</td><td rowspan="2">《中华人民共和国气象法》第三十一条
《中华人民共和国安全生产法》第三十三条
《气象灾害防御条例》第二十三条
《防雷减灾管理办法》第十一条
《防雷减灾管理办法》第二十八条
《危险化学品安全管理条例》第二十条</td><td rowspan="2">生产经营场所是否按要求安装防雷装置，安装的防雷装置是否符合国务院气象主管机构规定的使用要求。</td><td rowspan="2">《防雷减灾管理办法》第三十五条
《气象灾害防御条例》第四十五条</td><td rowspan="2">见本手册3.2节</td></tr>
<tr><td>安装的防雷装置应符合国务院气象主管机构规定的使用要求</td></tr>
<tr><td rowspan="2">7</td><td rowspan="2">防雷安全生产管理</td><td>防雷装置设置安全警示标志，定期开展防雷安全自查,向防雷安全主管部门报告防雷安全有关问题</td><td>《中华人民共和国安全生产法》第三十二条
《中华人民共和国安全生产法》第三十三条
《中华人民共和国安全生产法》第四十三条
《防雷减灾管理办法》第二十二条</td><td>防雷装置有无设置安全警示标志并进行定期自检维护，是否向防雷安全主管部门报告防雷安全有关问题</td><td>《中华人民共和国安全生产法》第九十六条</td><td rowspan="2">见本手册第3章</td></tr>
<tr><td>定期委托具有相应资质的检测单位进行防雷安全检测</td><td>《气象灾害防御条例》第二十四条
《防雷减灾管理办法》第十九条
《防雷减灾管理办法》第二十三条
《雷电防护装置检测资质管理办法》第四条</td><td>是否定期委托具有相应资质检测机构对防雷装置进行全面安全检测</td><td>《防雷减灾管理办法》第三十五条</td></tr>
</table>

续表

序号	主体责任	具体责任事项	执行依据	检查要点	履行不到位时应负的法律责任	具体措施
7	防雷安全生产管理	必要时对生产经营场所进行雷击风险评估，对检查发现的隐患及时整改	《中华人民共和国安全生产法》第二十二条《防雷减灾管理办法》第二十二条 《防雷减灾管理办法》第二十三条	必要时是否进行雷击风险评估，自检、委托检测和主管部门执法检查过程中有无发现安全隐患，对检查发现的隐患是否及时整改	《中华人民共和国安全生产法》第九十九条	见本手册3.3和3.4节
8	雷灾事故报告和应急救援	建立雷灾事故报告制度	《中华人民共和国安全生产法》第七十六条、第七十七条、第七十八条、第八十一条、第八十二条、第八十三条 《防雷减灾管理办法》第二十五条 《生产安全事故应急条例》第六条 《生产安全事故应急预案管理办法》第五条、第六条	有无建立并定期修订完善雷灾事故报告制度，有无进行雷灾事故应急救援方案演练	《防雷减灾管理办法》第三十五条 《中华人民共和国安全生产法》第九十四条	见本手册第4章
		建立雷灾事故应急救援方案，定期开展雷灾事故应急救援演练				

2.2　防雷安全管理机构

化工企业应建立防雷安全管理机构，明确机构设置、落实相关部门和人员的防雷安全责任，确定防雷安全相关责任人，切实加强防雷安全工作，防止雷电灾害事故发生。防雷安全管理机构设置如图 2.1 所示，防雷安全管理机构的行文可参考表 2.2。

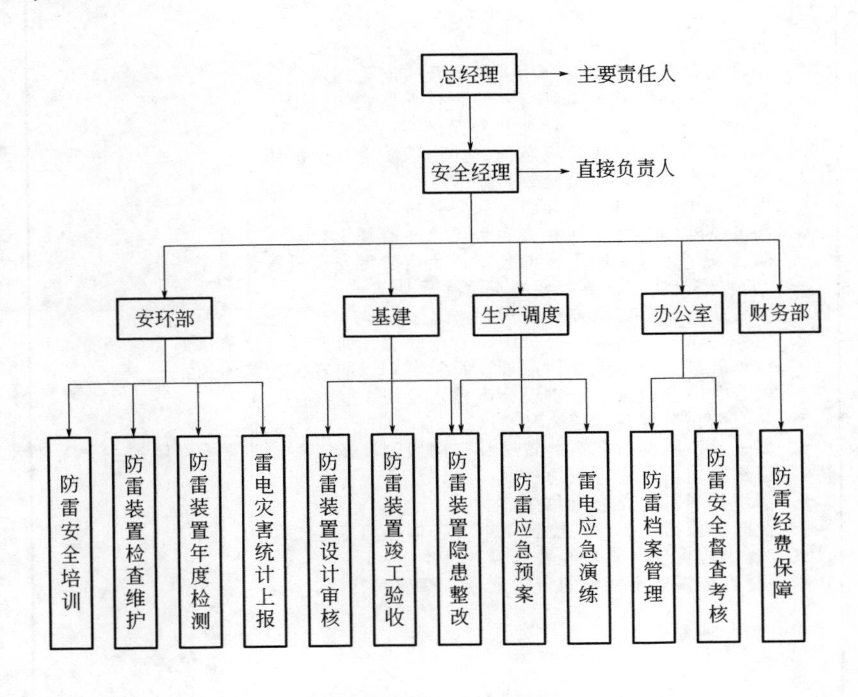

图 2.1　防雷安全管理机构图

表 2.2　防雷安全管理机构的行文模板

关于成立防雷安全生产领导小组的通知

各车间、部室：

为进一步做好防雷减灾工作，预防和减少雷击事件的发生，保障人员生命和财产安全，根据《中华人民共和国安全生产法》《××（省/市）防雷减灾管理办法》等相关法规及文件要求，结合公司实际，特成立防雷安全生产领导小组，领导小组成员及主要职责明确如下：

一、防雷安全生产领导小组成员

组　长：总经理

副组长：分管部门经理

成　员：×××，×××，×××

二、防雷安全生产领导小组职责

1．防雷安全生产领导小组是公司防雷安全管理的领导机构；

2．全面贯彻落实防雷安全相关法规及政府管理部门通知；

3．制定本公司防雷安全制度并检查督促落实；

4．制定本公司防雷工作计划并督促落实；

5．制定本公司雷电灾害应急预案并组织防雷安全演练；

6．督查本公司防雷安全检查和整改工作；

7．发生雷电灾害时指导和组织应急救援工作；

8．研究落实本公司防雷相关经费预算并监督执行；

9．防雷安全领导小组下设办公室，负责防雷安全日常管理工作。

三、防雷安全生产领导小组办公室主要职责

1．负责企业日常防雷安全管理；

2．组织防雷安全检查，分析防雷安全隐患，研究制定防范措施和整改方案；

3．组织开展防雷相关法律法规以及防雷知识的宣传教育培训；

4．配合督查新建项目防雷设计审核以及竣工验收；

5．督查防雷装置日常检查和整改；

6．委托检测机构对防雷装置进行定期检测，及时整改防雷安全隐患；

7．组织制定雷电灾害应急预案；

8．组织开展雷电灾害应急演练；

9．及时上报雷电灾害，配合雷电灾害调查和鉴定工作；

10．提出防雷安全管理经费预算并落实；

11．督查防雷安全资料的台账记录、整理和归档。

特此通知

×××有限公司

××××年××月××日

2.3 防雷安全生产管理制度

2.3.1 防雷安全生产目标责任制度

为认真贯彻“安全第一、预防为主、综合治理”的方针，强化企业内部安全管理，落实安全生产责任制，防止重大事故发生，依据《中华人民共和国安全生产法》及其他有关安全生产的法律法规，按照“管生产必须管安全”和“谁主管、谁负责”的原则，化工企业应建立健全防雷安全生产目标责任制度。

（1）企业应指定防雷安全生产目标责任人，协助企业主要负责人，综合协调管理本企业安全生产工作，直接领导安全生产管理部门行使安全生产管理职能，向企业主要负责人负责，对安全生产重大事项有一票否决权。

（2）组织制定企业防雷安全生产年度工作计划和工作规划，并组织实施。

（3）建立本企业防雷安全生产责任体系，督查与考核各部门、各岗位履行安全生产责任制情况。

（4）组织实施本企业防雷安全生产检查、风险分级管控、隐患排查治理等工作。

（5）奖惩办法：完成防雷安全生产目标，给予表彰和奖励；未完成防雷安全生产目标，给予罚款或降职。

2.3.2 年度防雷工作计划制度

企业应根据每年的工作安排，落实制定年度防雷工作计划任务书，可参见表2.4。

表 2.4　年度防雷工作计划模板

××××年度防雷工作计划

根据上级××××年防雷工作安排指示精神，为了保证我公司防雷系统安全可靠，更好地为安全生产服务，结合我公司的总体实际情况，特做以下工作安排：

一、成立防雷工作领导组

组　长：×××

副组长：×××　　×××

成　员：×××　　×××　　×××　　×××　　×××

×××　　×××　　×××　　×××　　×××

二、具体工作安排

1．由安环部与具有法定防雷检测资质的机构签订防雷检测协议。

2．安环部负责定期联系检测机构进行防雷防静电检测（每年进行两次）。

3．生产部组织机电班，从三月初开始对全公司的供电线路进行检查，同时对不合格的避雷设施进行维修或更换。

4．生产部组织机电班，从三月初起对全公司的防雷保护接地极，建（构）筑物的防雷装置、设备的防雷装置进行全面检查，发现问题及时处理。

5．生产部组织机电班，在雨季期间，每月必须对全公司的防雷系统进行一次全面检查，发现问题及时处理。

6．生产部组织机电班，在雨季期间每月必须对全公司的接地保护进行一次全面检查，发现问题立即处理。

7．生产部对所有检查出不合格的防雷装置要进行定人、定时、定责及时完成整改。

8．生产部要确保每一防雷装置的接闪器、引下线和接地装置必须符合防雷要求。

三、要求各单位主要负责人，对防雷工作认真、细致、扎扎实实地工作，消除隐患，保证安全生产。

××××

××××年××月××日

2.3.3　防雷安全管理资金投入责任制度

企业应建立健全防雷安全管理资金投入责任制度，保障防雷安全资金投入。

（1）防雷装置设计、安装、定期检查及整改经费：包括防雷装置设计、安装、定期检测费用、防雷装置修缮、整改等相关费用。

（2）防雷管理人员培训教育经费：包括防雷管理人员参加培训的差旅、食宿费用，邀请授课人员的讲课费用、专家咨询费用等。

2.3.4　防雷安全例会制度

为及时传达贯彻防雷安全工作指示精神，部署防雷安全生产工作安排，研究、决定安全生产工作中重大问题，保障安全生产，制定防雷安全办公会议制度。

（1）宜在每年雷雨季来临前（5—6月）定期组织召开防雷安全办公会议，其他时间根据实际需要适时召开临时防雷安全办公会议。

（2）防雷安全办公会议由防雷安全生产目标责任人主持，企业主要负责人、部门负责人、各车间和单位行政负责人、安全负责人参加。

（3）防雷安全办公会议主要研究解决防雷安全生产方面存在的问题，不得将其他工作列入主题，保证会议质量。

（4）防雷安全办公会议内容：总结上一次防雷安全办公会议部署的相关安全工作完成情况、贯彻传达上级有关安全生产方针、政策、规定、指令等；听取各有关部门、单位汇报安全工作情况；通报前一周期的安全目标管理情况，研究有关安全管理办法；布置防雷安全生产工作；解决防雷安全工作中存在的问题和隐患；研究重大安全隐患的解决措施；提出防雷安全工作要点。

（5）防雷安全办公会议安排重点工作必须制定责任落实表，按照“五定”（定责任人、定措施、定资金、定时间、定核查）的原则落实到位，暂时无法整改的要完善防范措施，整改前严格监控管理。

（6）企业应安排专人、专门记录本，认真做好防雷安全办公会议记录，必要时对确定的安排事项写出会议纪要下发执行。

2.3.5 新建项目防雷装置审核验收制度

根据《国务院关于优化建设工程防雷许可的决定》（国发〔2016〕39 号）要求，新建化工项目应报当地气象主管机构进行防雷装置设计审核和竣工验收审批。

2.3.5.1 防雷装置设计审核应当提交以下材料

（1）《防雷装置设计审核申请书》（附录 A）；

（2）设计单位和人员的资质证和资格证书的复印件；

（3）防雷装置施工图设计说明书、施工图设计图纸及相关资料；

（4）设计中所采用的防雷产品相关资料；

（5）经当地气象主管机构认可的防雷专业技术机构出具的防雷装置设计技术评价报告；

（6）总规划平面图。

2.3.5.2 防雷装置竣工验收应当提交以下材料

（1）《防雷装置竣工验收申请书》（附录 B）；

（2）《防雷装置设计核准意见书》；

（3）施工单位的资质证和施工人员的资格证书的复印件；

（4）取得防雷装置检测资质的单位出具的《防雷装置检测报告》；

（5）防雷装置竣工图纸等技术资料；

（6）防雷产品出厂合格证、安装记录和符合国务院气象主管机构规定的使用要求的证明文件。

2.3.6　防护装置检测维护制度

化工企业作为防雷安全主体责任单位，应对本单位防雷装置的有效性负责，应建立健全防雷装置检测维护制度。主要内容应包括以下 3 个方面。

（1）公司防雷安全责任人应全面了解和掌握公司防雷装置的现状并建立防雷装置档案。

（2）防雷安全领导小组应加强组织防雷装置的日常检查，发现问题及时整改，具体要求如下：

① 全面检查：每年 3 月或生产装置年度检修时由公司主要负责人带队，安环部、生产调度部等部门人员（可邀请防雷专家）参与，对公司防雷装置进行全面检查，填写检查记录并存档。

② 日常检查：各班组在日常安全检查时对工作范围内的防雷装置（重点和易发生隐患的防静电接地、机械震动部位接地）进行日常检查，并记录。

③ 不定期检查：强雷暴、大风天气预警前、发生后，安环部应及时组织人员对防雷装置进行全面检查，检查接闪器、引下线、接地装置及电涌保护器（SPD）的状态等。

④ 生产装置技术改造或检修时应同步进行防雷安全检查维护。

（3）按照国家有关规定和技术规范要求，公司应定期委托检测机构（信用良好、防雷检测甲级资质）对防雷装置进行全面检测，安环部负责对检测方案全面审查，要安排专人负责，做好以下工作：

① 与检测机构商讨并审核防雷装置检测方案，保证全面、完整和安全检测；

② 按程序签订检测合同；

③ 根据需要向检测机构提供相应资料；

④ 安排专人全程陪同检测，并告知检测人员入厂须知。复核检测机构资质和检测人员能力等相关资料，保证检测安全和记录真实；

⑤ 对检测出的安全隐患应及时整改，整改后应进行复测，直至合格；

⑥ 限于物质或技术条件暂不能解决的，必须采取风险防控措施，制订整改计划，明确整改期限，并及时向公司分管负责人报告；

⑦ 整理保存合同、方案、检测机构和人员确认表及检测报告等所有检测资料，并按相关规定向有关部门报送检测报告。

2.3.7 防雷安全培训教育制度

防雷安全是企业培训教育的重要内容，化工企业应结合生产现场实际，制定安全教育培训制度，并将防雷安全知识列入年度培训计划和安全培训、考核内容，也可以单独制定防雷安全培训教育制度和培训、考核计划。主要内容应包括以下 8 个方面。

（1）公司所有从业人员应当接受防雷安全培训、考核，熟悉有关防雷安全生产规章制度和防雷安全操作规程，具备必要的防雷安全知识，掌握本岗位的防雷安全操作技能，预防和减少雷击事故的发生，增强应急处理能力。

（2）防雷安全主要负责人和安全管理人员应熟悉公司防雷安全管理工作，且每年应至少参加一次（不少于 8 课时）防雷安全培训。

（3）其他从业人员应参加防雷安全培训教育，掌握本岗位防雷安全操作、应急处置等相关知识和技能。

（4）防雷安全领导小组负责编制防雷安全教育培训计划，并督促落实培训计划。

（5）应建立防雷安全教育培训档案，每次培训应有培训教材、签到记录、考核试卷、照片、台账等。

（6）防雷安全培训、考核应纳入部门年度考核指标。

（7）培训内容：

① 国家有关防雷安全的法规及防雷主管部门的相关政策文件；

② 公司防雷安全规章制度、操作规程等；

③ 雷电及防护基本常识；

④ 典型雷击事故案例分析；

⑤ 公司雷击事故风险点及防范措施；

⑥ 雷电防护装置的组成与维护；

⑦ 雷击事故发生时应急处置程序和技能。

（8）培训形式：

① 专家授课；

② 座谈咨询；

③ 现场操作演示、展示；

④ 事故模拟演练。

2.3.8 雷电灾害应急响应制度

防雷安全工作应坚持“安全第一、预防为主、综合治理”的方针。雷电灾害应急响应包括雷电预警预防和事故应急处置（雷电预报预警信息接收传递、雷电预警应急处置、雷击事故报告和应急演练）。为提高雷电灾害应急处置和应急救援能力，加强各部门之间应急响应协调能力，预防和控制雷电及次生灾害的发生和影响，避免或减少雷电灾害的影响和损失，结合公司实际，特制定雷电灾害应急响应制度。主要内容应包括以下 9 个方面。

（1）应从气象部门获取及时、准确的雷电预报预警信息。

（2）应安排专门部门负责接收并通过有效途径在公司内部传播预报预警信息。

（3）各部门应根据雷电预报预警信息，按照预案分级程序及时启动相应的应急响应。

（4）防雷安全领导小组办公室应结合生产实际情况，组织编制雷电灾害应急预案，企业预案应与辖区的上一级预案相衔接，并每年至少进行一次雷电灾害应急演练。

（5）防雷安全领导小组办公室应对雷电灾害应急预案和应急演练进行评估、总结，及时整改存在的问题，完善应急预案和应急演练。

（6）发生雷击事故时，值班或操作人员应立即采取相应措施予以处置，尽可能切断事故源，并报告生产调度中心；当事故有扩大趋势无法处理或火灾事故发生时，应立即报火警并报告公司应急总指挥，迅速启动应急响应。

（7）当发生火灾、爆炸，出现人员伤亡时，企业应当迅速报告消防、医疗等相关机构并开展救援。

（8）雷电灾害发生后，受灾企业应在一小时内向当地人民政府相关管理部门报告,并对获得新的灾情信息进行补充报告。

（9）积极配合当地人民政府应急管理部门、防雷安全管理部门等对雷电灾害造成的损失及灾害起因、性质、影响等问题进行调查、鉴定和评估。

2.3.9 雷电灾害防御档案管理制度

应根据企业安全生产管理实际，建立雷电灾害防御档案管理制度，加强雷电灾害防御档案的管理。

（1）应确保技术资料的齐全、完整和准确，发挥技术档案在生产、基建中的作用，促进生产力发展和科技进步，制定本制度。

（2）雷电灾害防御档案（以下简称防雷档案）是公司在防雷安全管理、防雷安全检查、防雷装置检测活动中形成的全部档案。归档包括各种文字、图纸、图表、照片等材料。

（3）防雷档案工作是安全生产管理的重要组成部分，安环部、生产部门必须将防雷档案材料的形成、积累整理和归档纳入责任范围、工作程序和有关人员的岗位责任制，并进行严格考核。

（4）新建项目防雷装置设计审核及竣工验收相关资料档案应由专人永久保存。定期检测技术档案的保管期限：纸质文档不少于3年，电子文档不少于5年。

2.4　防雷安全制度管控

随着当前行政体制改革的不断深化和政府职能转变的持续推进，防雷安全监管体制机制和法律制度将不断完善，企业防雷安全主体责任将不断加强。因此，企业应根据政府对防雷安全管理在新形势下的新要求，结合企业实际，加强防雷安全制度的管控，主要工作包括（但不限于）以下6个方面。

（1）防雷安全领导小组（办公室）应有专人负责接收政府和上级主管部门的防雷安全相关文件通知，编制防雷安全生产适用的法律、法规名单和文本数据库。

（2）防雷安全领导小组（办公室）应结合企业实际，每年进行一次法律、法规、标准及其他防雷相关文件的获取、识别、更新工作。当现行法律、法规、标准和其他防雷相关文件更新时，应及时收编。

（3）防雷安全领导小组（办公室）应有专人向各部门宣传适用的法律、法规及其他防雷相关文件，及时传达给全体员工，并督促遵照执行。

（4）防雷安全领导小组（办公室）应结合本企业情况，及时修订防雷安全规章制度、防雷安全应急预案，下发到部门、班组，并督促遵照执行。

（5）防雷安全领导小组（办公室）应每年对防雷安全制度及安全操作规程执行情况进行监督检查，并及时进行修订，确保适用性和有效性。修订时应填写《防雷文件更改审批表》，样式见表2.5。

（6）新修订的规章制度及安全操作规程应及时下发，保证各岗位的规章制度和安全操作规程是最新有效文件，原文件收回统一作废。

表2.5　防雷文件更改审批表

××××有限公司防雷文件更改审批表			
编号		修改状态	
文件名称			
文件编号		填报日期	
更改原因			
更改前内容			
更改后内容			
拟稿部门		拟稿人	
会签		审核	
审批		实施日期	
备注	附文件修订稿，并按原文件发放范围发放。		

第3章 化工企业防雷装置安全管理

化工企业防雷装置一般包括外部防雷装置和内部防雷装置。外部防雷装置由接闪器、引下线和接地装置组成；内部防雷装置主要用来减小建筑物内部的雷电流及其电磁效应，如采用电磁屏蔽、等电位连接和装设电涌保护器（SPD）等措施，防止雷击电磁脉冲可能造成的危害。防雷装置的管理是化工企业安全生产的重要措施，化工企业对于新建建（构）筑物防雷装置的建设应当由气象部门负责防雷装置设计审核和竣工验收许可，防雷装置设计应当符合国家有关防雷安全防护标准；对于已经投入使用的防雷装置，企业应加强安全生产管理，应全面了解防雷装置运行状况，确定防御重点部位，设置安全标志，定期开展巡查、自查，对雷电灾害安全隐患进行排查，定期委托有相应资质的防雷装置检测机构对本企业的防雷装置进行检测，检测报告应存档备查。自检、检查单位检测和主管部门执法检查发现的安全隐患应及时整改排除，确保防雷装置正常运行。相关管理部门应建立防雷装置档案，做好防雷装置安装、检查和维护记录。

3.1 新建项目防雷装置设计审核及竣工验收

根据《国务院关于优化建设工程防雷许可的决定》（国发〔2016〕39 号）要求，新建化工项目应报当地气象主管机构进行防雷装置设计审核和竣工验收审批。

（1）防雷装置设计审核应当提交以下材料：

①《防雷装置设计审核申请书》（附录 A）；

② 设计单位和人员的资质证和资格证书的复印件；

③ 防雷装置施工图设计说明书、施工图设计图纸及相关资料；

④ 设计中所采用的防雷产品相关资料；

⑤ 经当地气象主管机构认可的防雷专业技术机构出具的防雷装置设计技术评价报告；

⑥ 总规划平面图。

（2）防雷装置竣工验收应当提交以下材料：

①《防雷装置竣工验收申请书》（附录 B）；

②《防雷装置设计核准意见书》；

③ 施工单位的资质证和施工人员的资格证书的复印件；

④ 取得防雷装置检测资质的单位出具的《防雷装置检测报告》；

⑤ 防雷装置竣工图纸等技术资料；

⑥ 防雷产品出厂合格证、安装记录和符合国务院气象主管机构规定的使用要求的证明文件。

（3）防雷装置施工图设计审核业务流程见图 3.1。

（4）防雷装置竣工验收业务流程见图 3.2。

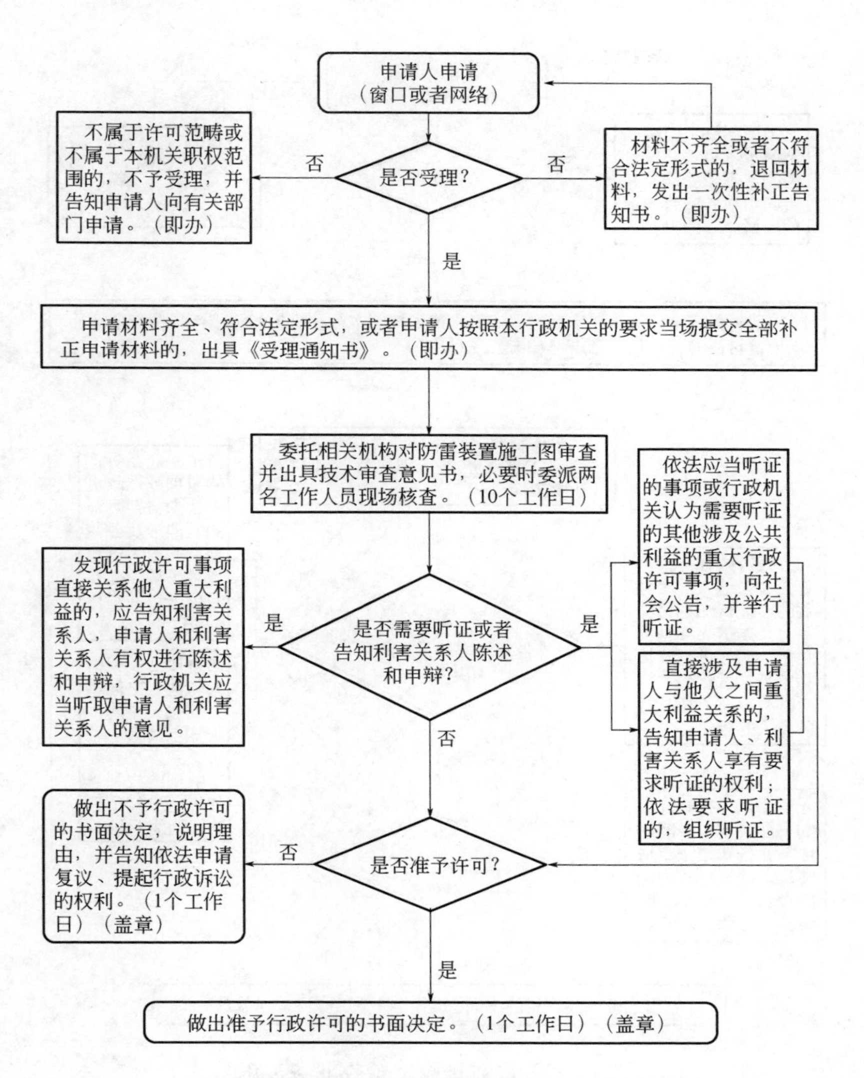

图 3.1　防雷装置施工图设计审核业务流程

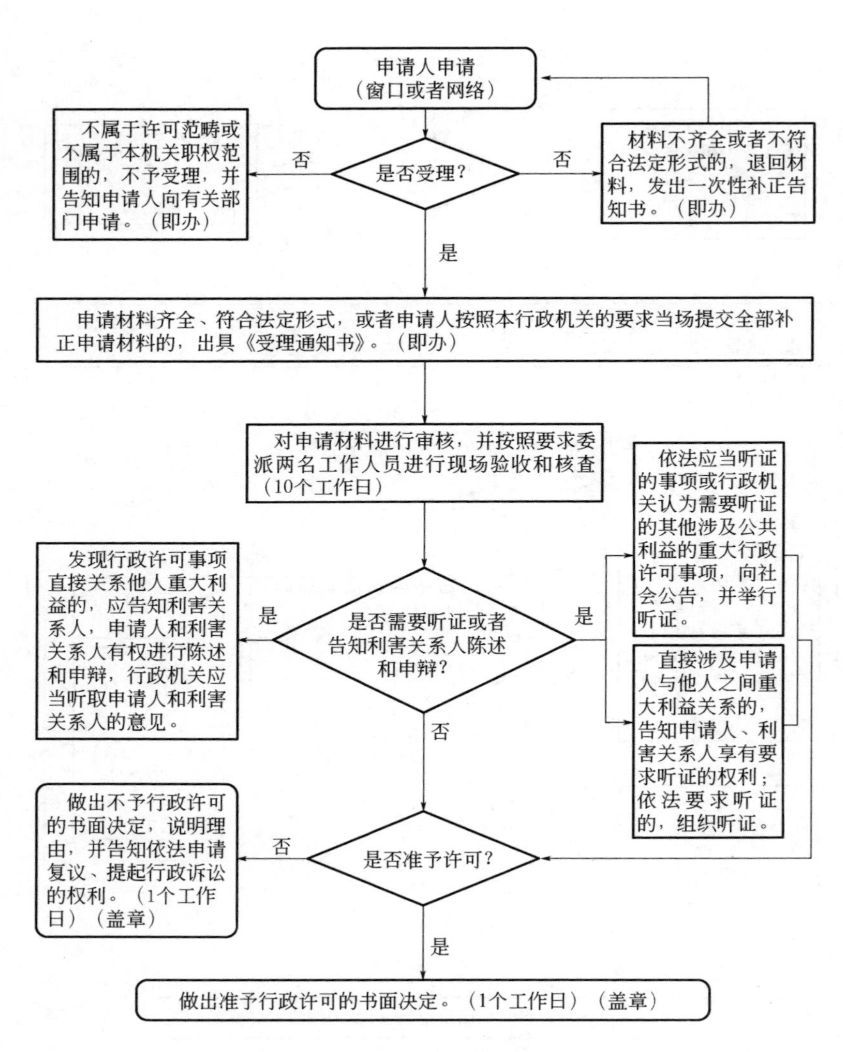

图 3.2　防雷装置竣工验收业务流程

3.2　化工企业防雷装置现状

为保证防雷装置安全可靠，企业应全面了解防雷装置运行状况，相关管理部门应建立防雷装置汇总档案，见表3.1。

表3.1　化工企业防雷装置汇总

<table>
<tr><td>单位名称</td><td colspan="5"></td></tr>
<tr><td>单位地址</td><td colspan="5"></td></tr>
<tr><td>单位性质</td><td colspan="2"></td><td>主要产品</td><td colspan="2"></td></tr>
<tr><td>法定代表人</td><td colspan="3"></td><td>联系电话</td><td></td></tr>
<tr><td>部门责任人</td><td colspan="3"></td><td>联系电话</td><td></td></tr>
<tr><td>检测周期</td><td colspan="3"></td><td>上次检测
时间</td><td></td></tr>
<tr><td>历史雷击情况</td><td colspan="5"></td></tr>
<tr><td rowspan="2">公司
区域
示意图</td><td colspan="5">建筑物或设备设施分布图</td></tr>
<tr><td colspan="5">建筑物和场所说明：</td></tr>
<tr><td>重要危险源</td><td colspan="5"></td></tr>
<tr><td>是否安装直击
雷防护措施</td><td colspan="2"></td><td colspan="2">是否安装感应雷
防护装置</td><td></td></tr>
<tr><td>风险及防护
重点分析</td><td colspan="5"></td></tr>
<tr><td rowspan="4">直击雷防护
措施</td><td>接闪器</td><td colspan="4">形式：　数量：　高度：　敷设方式：　型材：
规格：　腐蚀情况：</td></tr>
<tr><td>引下线</td><td colspan="4">数量：　敷设方式：　间距：　型材：　规格：
腐蚀情况：</td></tr>
<tr><td>接地装置</td><td colspan="4">接地体形式：　接地电阻值：（有资质的单位出具的防雷检测报告）</td></tr>
<tr><td>地表类型</td><td>泥土/碎石/石板/水泥/
大理石/瓷砖/木板</td><td colspan="2">接触和跨步电
压防护措施</td><td>警示牌/围挡/
绝缘措施</td></tr>
<tr><td rowspan="4">感应雷防护
措施</td><td>等电位</td><td colspan="4">形式：　数量：　腐蚀情况：</td></tr>
<tr><td>布线形式</td><td colspan="4">直接明敷/穿管明敷/线槽/暗敷</td></tr>
<tr><td>线路屏蔽</td><td colspan="4">无屏蔽/屏蔽线缆/金属线槽</td></tr>
<tr><td>浪涌
保护器</td><td colspan="4">电源部分：有（　）无（　）（　）级　数量（　）套
信号部分：有（　）无（　）（　）级　数量（　）套</td></tr>
</table>

续表

一、办公楼防雷装置				
	序号	位置	防雷装置	物理状态（示例）
屋面	1	屋面	接闪带	ϕ10mm 镀锌圆钢
	2	屋面东	接闪杆	高 8m，ϕ20mm 不锈钢杆，与屋面基础钢筋焊接
	3	屋面护栏	接闪带	护栏与屋面基础钢筋焊接
	3	屋面正南	广告牌	角钢框架，与屋面接闪带多点焊接
	4	屋面	通信天线	高 2m 不锈钢杆及基座与屋面基础焊接
	5	屋面	灯杆	灯杆与屋面接闪带焊接
楼层	1	总配电房	总等电位带	4mm×25mm 镀锌钢板与接地系统紧固压接
	2	总配电房	配电箱安全接地	配电箱与接地系统紧固压接
	3	总配电房	SPD	SPD 参数及连接方式
	4	弱电箱	弱电箱安全接地	弱电箱与接地系统紧固压接
	5	弱电箱	信号 SPD	SPD 参数及连接方式
	6	二楼配电箱	等电位带	4mm×25mm 镀锌钢板
	7	二楼配电箱	SPD	8/20μs，20kA
	8	会议室	等电位端	4mm×25mm 镀锌钢板
	9	会议室	防静电地板	防静电地板与接地系统紧固压接
接地	1	东南角	接地短接卡	建筑物基础，焊接
	2	西南角	接地短接卡	建筑物基础，焊接
	⋮			
其他	1	金属门窗（大尺寸）	屏蔽	金属门窗与等电位端子紧固压接
	2	空调外机	等电位连接	金属外壳与等电位端子紧固压接
	⋮			
合计	直击雷防护措施：接闪带（ ）处，接闪杆（ ）根，引下线（ ）根，接地装置（ ）处 感应雷防护措施：等电位____处，SPD ____个……			

续表

二、生产调度楼防雷装置				
	序号	位置	防雷装置	物理状态（示例）
屋面	1	屋面	接闪带	ϕ10mm镀锌圆钢
	2	屋面东	接闪杆	高8m，ϕ20mm不锈钢杆，与屋面基础焊接
	⋮			
楼层	1	一楼总配	总等电位带	4mm×25mm镀锌钢板
	2	一楼总配	SPD	10/350μs，25kA
	⋮			
接地	1	东南角	接地短接卡	建筑物基础，焊接
	2	西南角	接地短接卡	建筑物基础，焊接
	⋮			
中央控制室	1	机房接地	等电位端子	4mm×25mm铜排与接地系统紧固压接
	2	防静电地板	屏蔽、防静电	支架与接地系统紧固压接
	3	操作台	防静电	接地材料及方式（ϕ6mm，铜线、压接）
	4	金属门窗	屏蔽	接地方式
	5	供电线缆入口处	等电位连接	接地方式
	6	通信线缆入口处	等电位连接	接地方式
	7	金属桥架	等电位连接	接地方式
	8	UPS	…	接地材料及方式（ϕ6mm，铜线、压接）
	9	机柜	…	接地材料及方式（ϕ6mm，铜线、压接）
	10	配电箱	电源SPD	SPD参数及连接方式
	11	通信机柜	信号SPD	SPD参数及连接方式
	⋮			
合计	接闪带____处，接闪杆____处，等电位____处，SPD____个……			

续表

三、储罐库区防雷装置				
	序号	位置	防雷装置	物理状态（示例）
库区地面或地沟	1	库区入口	防静电接地	触摸球、金属杆可靠接地
	2	灯杆	库区	金属灯杆可靠接地
	3	接闪杆	发油区	不锈钢管与基础接地焊接
	4	接闪网（线）	发油区	镀锌圆钢与基础接地焊接
	5	输油管支架	库区	镀锌角钢与基础接地焊接
	⋮			
装卸油品台	1	装卸油品台	构架及顶棚	金属顶棚及构架与基础接地焊接
	2	装卸油品台	泄静电接地	接地端与基础接地紧固压接
	3	输油泵	等电位连接	金属外壳与基础接地紧固压接
	4	鹤管	等电位连接	与基础接地紧固压接
	5	少于5根螺栓法兰盘	等电位连接	法兰盘跨接线紧固压接
	6	计量仪表	等电位连接	与构架紧固压接
	7	栈桥、轨道、防静电接地	接地	与基础接地（焊接或紧固压接）
	⋮			
#号油罐	1	油罐	油罐接地	罐体与接地系统紧固压接（多处）
	2	扶梯处	防静电接地	触摸球、金属杆与基础接地紧固压接
	3	浮顶	浮船接地	ϕ50mm 电缆与浮顶、罐体紧固压接
	4	管道	等电位连接	消防用泵、管道接地及法兰盘跨接等
	5	阻火器	等电位连接	与罐体或法兰盘跨接等
	6	呼吸阀	等电位连接	与罐体或法兰盘跨接等
	7	量油孔	等电位连接	与罐体或法兰盘跨接等
	8	人孔	等电位连接	与罐体或法兰盘跨接等
	9	信号传感器	屏蔽、等电位连接	SPD 及接地方式
	⋮			

续表

	序号	位置	防雷装置	物理状态（示例）
发电、配电系统	1	总等电位端	公共接地	镀锌扁钢（通排）与基础接地紧固压接
	2	配电箱	安全接地	与接地系统紧固压接
	3	配电箱	SPD	SPD 参数及连接方式
	4	燃料箱	安全接地	与接地系统紧固压接
	5	发电机	安全接地	与接地系统紧固压接
	6	机柜	安全接地	与接地系统紧固压接
	7	铠装电缆	屏蔽接地	外金属层与接地系统紧固压接
	⋮			
计量、自动控制信息系统	1	总等电位端	公共接地	镀锌扁钢（通排）与基础接地紧固压接
	2	电缆金属穿管	屏蔽接地	外金属层与接地系统紧固压接
	3	强电配电箱	屏蔽接地	金属箱与接地系统紧固压接
	4	强电配电箱	电源 SPD	SPD 参数及连接方式
	5	弱电配电箱	屏蔽接地	金属箱与接地系统紧固压接
	6	弱电配电箱	信号 SPD	SPD 参数及连接方式
	⋮			
其他辅助作业区	1	污水处理场	安全接地	水泵防雷措施（供配电 SPD 及接地）
	2	雨水监控池	安全接地	水泵防雷措施（供配电 SPD 及接地）
	3	循环水处理	安全接地	水泵防雷措施（供配电 SPD 及接地）
	4	事故池	安全接地	水泵防雷措施（供配电 SPD 及接地）
	⋮			
合计	接闪带____处，接闪杆____处，等电位____处，SPD____个……			

续表

四、公用工程及辅助设施防雷装置				
	序号	位置	防雷装置	物理状态
动力站	1			
	2			
	3			
	4			
	5			
	⋮			
变配电站	1			
	2			
	3			
	4			
	5			
	6			
	7			
	⋮			
空分装置压缩空气站	1			
	2			
	3			
	4			
	5			
	6			
	7			
	8			
	9			
	⋮			
循环水处理站	1			
	2			
	3			
	4			
	5			
	6			
	7			
	⋮			

续表

	序号	位置	防雷装置	物理状态
仓库	1			
	2			
	3			
	4			
	5			
	6			
	⋮			
其他辅助作业区	1			
	2			
	3			
	4			
	⋮			
合计	接闪带____处，接闪杆____处，等电位____处，SPD____个……			
……				

3.3 化工企业防雷装置定期检测

按照国家有关规定和技术规范要求，企业应定期委托检测机构（信用良好、防雷检测甲级资质）对防雷装置进行全面检测，安环部负责对检测方案全面审查，要安排专人负责，做好以下工作。

（1）与检测机构商讨并审核防雷装置检测方案，保证全面、完整和安全检测。

（2）按程序签订检测合同。

（3）根据需要向检测机构提供相应资料。

（4）安排专人全程陪同检测，并告知检测人员入厂须知。复核检测机构资质和检测人员能力等相关资料，保证检测安全和记录真实。

（5）对检测出的安全隐患应及时整改，整改后应进行复测，直至合格。

（6）限于物质或技术条件暂不能解决的，必须采取风险防控措施，制订整改计划，明确整改期限，并及时向公司分管负责人报告。

（7）整理保存合同、方案、检测机构和人员确认表及检测报告等所有检测资料，并按相关规定向有关部门报送检测报告。

3.3.1 定期检测周期

根据《建筑物防雷装置检测技术规范》（GB/T 21431—2015）对各类防雷建筑检测周期的要求，具有爆炸和火灾危险环境的防雷建筑物检测间隔时间为 6 个月，其他防雷建筑物检测间隔时间为 12 个月。

3.3.2 检测机构要求

雷电防护装置检测机构应当具备省、自治区、直辖市气象主管机构颁发的雷电防护装置检测资质证，并按照其资质等级许可范围开展检测，防雷装置检测资质等级分为甲、乙两级，甲级资质单位可以从事《建筑物防雷设计规范》规定的第一类、第二类、第三类建（构）筑物的防雷装置的检测，乙级资质单位可以从事《建筑物防雷设计规范》规定的第三类建（构）筑物的防雷装置的检测。跨省开展检测活动的检测单位及分支机构，应当主动将相关单位信息告知当地气象主管机构，由当地气象主管机构纳入信用管理名录，并向社会公布。检测人员应为具备相应检测能力的专业人员。

化工企业应定期委托检测机构（信用良好、防雷检测甲级资质）对防雷装置进行全面检测，且应核实现场检测人员的信息和检测能力评价证书。

3.3.3 检测报告

化工企业应根据本单位防雷装置现状与检测机构针对检测内容签订协议（合同）或者委托书；检测机构应该按照《建筑物防雷设计规范》（GB 50057—2010）、《建筑物防雷装置检测技术规范》（GB/T 21431—2015）、《雷电防护装置定期检测报告编制规范》（QX/T 232—2019）等标准填写检测记录和编制检测报告；检测报告签章应齐全并可以满足开展回溯检测的要求；检测报告应当由取得相应雷电防护装置检测资质的机构出具，分支机构不得以自己名义出具检测报告。

检测报告须由检测人、校核人、技术负责人、编制人、签发人签名，加盖检测单位公章（注明检测专用章的可加盖检测专用章），整份检测报告须加盖骑缝章，否则无效。复印报告未重新加盖检测单位公章的无效。

检测单位应当按照国家规定的防雷技术规范和标准开展检测工作，雷电防护装置的检测内容应当全面、检测结论应当明确。

定期检测技术档案的保管期限：纸质文档不少于3年，电子文档不少于5年。

化工企业应及时向当地气象主管机构抄报检测报告和整改意见。

化工企业防雷装置检测内容及技术要求参见《建筑物防雷

装置检测技术规范》（GB/T 21431）、《爆炸和火灾危险场所防雷装置检测技术规范》（GB/T 32937）等相关技术规范。检测报告应符合气象主管机构的相关要求。

3.4 防雷装置日常检查

企业应根据《防雷装置检测维护制度》（参见本手册2.3.6），明确防雷安全责任部门，认真落实全面检查、日常检查和不定期检查制度要求，加强防雷装置自查和维护保养，及时发现和消除雷灾安全隐患，保障防雷装置安全运行，防止和减少雷击事故的发生。防雷安全责任部门首先要全面了解防雷装置现状（包括防雷装置的安装位置、工作状态、检测情况等信息），建立防雷装置汇总信息表，明确全面检查、日常检查和不定期检查具体要求（包括检查项目、内容和检查记录等）。

企业防雷装置自查（全面检查和日常检查）以目测检查为主，主要检查防雷装置有否锈蚀、安装是否牢固、电气连接是否可靠等。风险较高的部位应测量接地电阻或接触过渡电阻。

3.4.1 日常检查项目

化工企业防雷装置的日常检查主要对建（构）筑物防雷装置、常见爆炸火灾危险场所的设备设施和信息系统的防雷设施进行检查。常见爆炸、火灾、危险化学品场所有：罐区，油（仓）库（甲醇、乙醇），汽车加油（气）站，液化气站，天然气站，燃气升压站和门站，氢、氧气站，乙炔站，民用爆炸品和火工品的生产、储存等场所。主要检查常见爆炸、火灾、危险化学品场所防雷装置安装是否牢固，有无机械损伤，锈蚀是否严重，等电位和接地连接是否可靠等，具体检查部位见表3.2～表3.6。

表 3.2　罐区、（甲、乙醇）仓库日常检查项目

场所	被测物体或项目
地面或地沟	金属罐、地上或管沟的输油、输气管等
金属罐体、消防设备	阻火器、呼吸阀、量油孔、人孔、管线金属件，浮顶罐的浮船、活动步梯等电位连接导体等，消防用泵、管道接地及少于5根螺栓的法兰盘跨接等
跨建筑体内外	进出和连接人工石油洞的各类金属管、线，呼吸管，金属通风管等
装卸油品台	固定设备、输油泵、电动机、法兰盘、计量仪表、构架、鹤管、泄静电接地、战桥、铁轨、绝缘轨等
库区接闪杆、线、网和灯杆	储罐、仓库、发油等区域的接闪杆、线网和灯杆等
发电、配电系统	高、低压配电室，发动机，发电机，燃料箱，配电箱，机柜，防爆开关，安全保护接地、工作接地、穿线金属管或铠装电缆外金属层的接地，电涌保护器性能和接地
计量、自动控制信息系统	机房接地系统、金属门窗、防静电地板、吊顶、机房内金属机柜、操作台、机电设备金属外壳等的接地，各类电源和信号系统的SPD

表 3.3　汽车加油（气）站库日常检查项目

场所	日常检查项目
地面或地沟	金属储罐、地上或管沟的输油管等
金属罐体	阻火器、呼吸阀、法兰盘、管线金属件等
气站加压设备	加压泵、压缩机、分离塔、撬车等设备的等电位接地等
跨建筑体内外	进出建筑各类金属管、线、呼吸管、金属通风管的分支、拐弯、首端、末端等
卸油品口	固定设备、卸油管口、法兰盘、泄静电仪接地等
加油（气）机泵	加油（气）机外壳、机泵、电机、加油（气）枪口等电位接地等

续表

场所	日常检查项目
发电、配电系统	发动机，发电机，燃料箱，配电箱，机柜，防爆开关，安全保护接地、工作接地、穿线金属管或铠装电缆外皮接地等，电涌保护器性能和接地
计量、自动控制信息系统	机房接地系统、金属门窗、防静电地板、吊顶、机房内金属机柜、操作台、机电设备金属外壳等的接地，各类电源和信号系统的 SPD

表 3.4　液化气站、天然气站、液气升压站和门站等日常检查项目

场所	日常检查项目
地面或地沟	金属储罐、地上或管沟的输油管等
金属罐体	阻火器、呼吸阀、少于 5 根螺栓法兰盘跨接、管线金属件等
气站加压设备	加压泵、压缩机、分离塔等设备的等电位接地等
跨建筑体内外	进出建筑各类金属管、线、呼吸管、金属通风管的分支、拐弯、首端、末端等
卸油品口	固定设备、卸油管口、法兰盘、泄静电仪接地等
加油（气）机泵	加油（气）机外壳、机泵、电机、加油（气）枪口等电位接地等
发电、配电系统	发动机，发电机，燃料箱，配电箱，机柜，防爆开关，安全保护接地、工作接地、穿线金属管或铠装电缆外皮接地等，电涌保护器性能和接地
计量、自动控制信息系统	机房接地系统、金属门窗、防静电地板、吊顶、机房内金属机柜、操作台、机电设备金属外壳等的接地，各类电源和信号系统的 SPD

表 3.5　氢气站、氧气站、乙炔站等日常检查项目

场所	日常检查项目
生产车间	车间建筑物、金属门窗、门前泄人体静电装置等
地面或地沟	金属罐和地上、架空或管沟的输气管等
金属罐体、消防设备	贮气罐、残液罐、观察台、阻火器、呼吸阀、排放管、安全阀、法兰盘、管线金属件。消防用泵、管道接地及少于 5 根螺栓法兰盘跨接等

续表

场所	日常检查项目
站内反应设备	压缩泵、电动机、冷却塔、分离塔、电解槽、转换器、过滤塔、反应塔等各类设备的等电位接地
跨建筑体内外	进出建筑各类金属管、线，呼吸管，金属通风管等
充气台	液相管、气相管、固定设备、充气管口、少于5根螺栓法兰盘跨接、泄静电仪接地，卸原料支桥、输气管道、法兰盘、阀门、铁路轨道、绝缘轨、构架等
配电系统	配电箱、机柜、防爆开关、安全保护接地、工作接地、穿线金属管或铠装电缆外皮接地等，避雷器或电涌保护器性能和接地
消防设备	消防泵接地等
计量、自动控制信息系统	机房接地系统、金属门窗、防静电地板、吊顶、机房内金属机柜、操作台、机电设备金属外壳等的接地，各类电源和信号系统的SPD

表3.6　其他爆炸、火灾、危险化学品生产、储存场所日常检查项目

场所	日常检查项目
生产车间、储存库房	建筑物、金属门窗、门板轴跨接、等电位环形接地干线、裸露金属体、防护栏杆、金属支架、泄静电触摸装置等
粉尘弥散车间	空气湿度、金属设备机壳接地、集（吸）尘设备金属外壳接地、穿线金属管或铠装电缆外皮接地等
地面或地沟	金属罐、地上或管沟的输液管、热力管，金属生产线等
金属罐体	阻火器、呼吸阀、透光孔、法兰盘、管线金属件等
生产设备	压缩泵、抽油机、冷却塔、电动机、泵、转换器、过滤塔、缓和器、混合器、搅拌釜、电解槽、反应塔、分离塔、非金属管段跨接、塔梯等设备的等电位接地
跨建筑体内外	进出建筑各类金属管、线，呼吸管，金属通风管，管道支架等
装卸化工品台	液相管、气相管、固定设备、卸气管口、法兰盘、阀门、泄静电接地，装卸构架、输气管道，传送带架等，铁路轨道、栈桥、鹤管、绝缘轨等
锅炉房、消防设备	锅炉、烟囱、电动机、鼓风机、消防用泵和管道接地及法兰盘跨接等

续表

场所	日常检查项目
配电系统	配电箱、机柜、防爆开关、安全保护接地、工作接地、穿线金属管或铠装电缆外皮接地等，避雷器或电涌保护器性能和接地
计量、自动测控信息系统	机房接地系统、金属门窗、防静电地板、吊顶、机房内金属机柜、操作台、机电设备金属外壳等的接地，各类电源和信号系统的 SPD

3.4.2 日常检查要求

化工产品及生产过程大多具有易燃、易爆、有毒、腐蚀性强等特点，易受雷电影响，可引发火灾、爆炸等重大事故。企业应定期对企业防雷装置进行全面检查，并完整记录防雷装置检查和整改情况，保障防雷装置的正常运行。

对于雷击灾害风险高的重点区域、易发生隐患的防静电接地、因机械震动易造成松脱等部位接地以及腐蚀性极强位置的防雷装置，班组在日常安全检查时应同时对防雷装置进行检查，并记录检查情况和整改、复查记录。

强雷暴、大风天气发生后应及时对防雷装置进行全面检查，例如，检查接闪器、引下线、接地装置及电涌保护器（SPD）的状态等，并记录检查和整改情况。

生产装置技术改造或检修时应同步进行防雷装置安全检查维护，并记录检查和维护情况。

第4章 化工企业应急管理

2018年3月设立中华人民共和国应急管理部，翻开了我国防灾减灾历史的新篇章。雷电是我国频发的气象灾害，雷电的热效应、机械效应、电磁效应对化工企业安全生产危害极大，雷电是引发化工生产故障，甚至重大火灾爆炸事故的重要原因之一。因此，雷电灾害应急管理是化工企业防雷减灾工作的重要内容。

化工企业雷电灾害应急管理指的是企业主体为了有效应对雷电灾害而采取的各项措施、从事的各项活动、建立的各项制度。化工企业应急管理包括应急预案、应急处置、应急演练等环节，化工企业应加强各部门之间的协同配合，提高应对突发事故的组织指挥、快速响应及处置能力，预防和控制次生灾害的发生。

4.1 雷电灾害应急预案

为确保国家财产和人民生命安全，切实提高突发雷电灾害事件的应急处理能力，防止事故扩大，最大限度地降低人员伤亡和财产损失，减少环境危害，要求化工企业建立健全企业雷电灾害应急体制和机制，制定完善的雷电灾害应急预案。化工企业雷电灾害应急预案可参考下附雷电灾害应急预案模板。

雷电灾害应急预案

一、总则

1. 目的

为了全面贯彻落实“安全第一、预防为主、综合治理”的安全管理方针，提高雷电灾害防御应急处置能力，预防和控制雷电灾害的发生和影响，最大限度地减少人员伤亡、财产损失、环境破坏和社会影响，结合公司实际，特制定本预案。

2. 编制依据

《中华人民共和国安全生产法》

《中华人民共和国突发事件应对法》

《突发事件应急管理办法》

《生产安全事故应急预案管理办法》（2019 修正）（中华人民共和国应急管理部令第 2 号）

《危险化学品企业生产安全事故应急准备指南》（应急厅〔2019〕62 号）

《危险化学品单位应急救援物资配备要求》（GB 30077—2013）

《生产经营单位生产安全事故应急预案编制导则》（GB/T 29639—2013）

××省/市防雷安全管理文件

3. 适用范围

本预案适用于本公司范围内雷电灾害防御的管理和应急处置工作。

4. 应急预案体系

本公司应急预案体系包括雷电灾害应急预案总则、雷电灾害风险分析、应急组织机构职责、雷电预警和应急响应、应急预案管理五部分（图 1）。

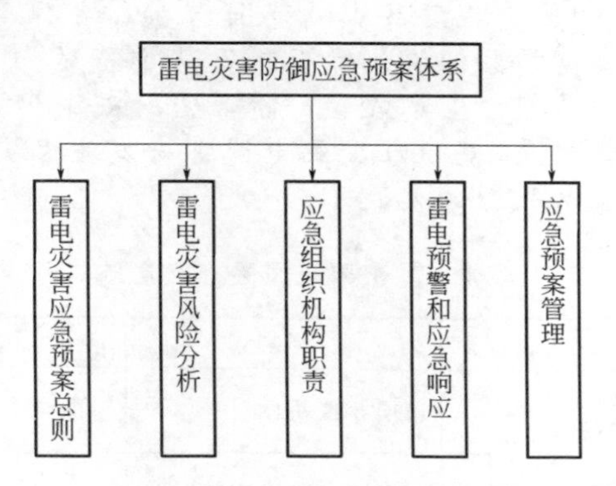

图1 雷电灾害防御应急预案体系

5. 应急工作原则

以人为本，安全第一；条块结合，分级管理；预防为主，平战结合；统一领导，分级负责；科学决策，依法规范；整合资源，协调应对。

二、雷灾风险分析

根据本公司储存、生产过程涉及与雷电灾害相关的建（构）筑物、变配电、设备设施、甲乙类罐区装置等，分别进行风险分析、分级，绘制四色图（红、橙、黄、蓝）。通过风险分析和辨识，提出风险管控措施。

1. 事故类别

雷击引发设备损毁、火灾、爆炸、电气和电子信息系统损坏或造成人员伤亡。

2. 发生事故的季节、可能性和后果

（1）夏季雷雨高发期，危险化学品物料易遭受雷击燃爆起火；

（2）生产储运设施遭雷击（直接或感应雷击）损毁引起泄漏或燃爆事故；

（3）雷击造成电气系统损毁，引发停电事故；

（4）雷击造成自动控制系统、电子信息系统损毁，造成传感器、控制器或监控器失效；

（5）雷击造成人员伤亡（主要是室外）。

3. 事故的严重程度及影响范围

（1）危险化学品泄漏影响范围及严重程度。

主要几种类型：生产装置、储罐区、装卸点、易燃品仓库等区域燃爆或泄漏，高低压变配电遭雷击发生火灾、爆炸事故。雷击事故风险点及影响见表1。

表1　雷击事故风险点及影响

序号	作业场所（装置）	影响	主要危险
1	变（配）电所、供电系统	损坏或跳闸	供电中断
2	××生产装置	损坏、引燃可燃气体	火灾、爆炸、中毒、化学品泄漏
3	××生产装置	引燃可燃气体	火灾、爆炸、中毒、化学品泄漏
4	储罐区	损坏、引燃可燃气体	火灾、爆炸、中毒、化学品泄漏
5	室外管廊	损坏、引燃可燃气体	火灾、爆炸、中毒、化学品泄漏
5	易燃品仓库	损坏、引燃可燃物	火灾、爆炸、中毒、化学品泄漏
6	装卸点	引燃可燃物	火灾、爆炸、中毒、化学品泄漏
7	生产、储罐区	自动控制系统、传感器、控制器损毁	自动控制系统、传感测量或控制器失效
8	室外人员	人员伤亡	伤亡

当上述区域发生易燃危险化学品、油品泄漏时，公司有完备的二次收集方案。罐区设置了围堰，集中设置了事故收集池，其能力能满足最大物料泄漏量，保证不会泄漏到厂区以外的地方。当发生大量泄漏时，公司按照紧急处置方案采取切断泄漏源或紧急停车的措施，减少扩散到厂外的可能性。

当上述区域发生可燃、有害气体泄漏时，如环氧乙烷发生少量泄漏（≤200L）（危险化学品泄漏的应急处置，查该物料的MSDS），其应急处置如下。

消除所有点火源。根据气体的影响区域划定警戒区，无关人员从侧风向、上风向撤离至安全区。建议应急处理人员戴正压自给式空气呼吸器，穿防静电服。作业时使用的所有设备应接地。禁止接触或跨越泄漏物。尽可能切断泄漏源。喷雾状水抑制蒸气或改变蒸气云流向，避免水流接触泄漏物。禁止用水直接冲击泄漏物或泄漏源。防止气体通过下水道、通风系统和密闭性空间扩散。隔离泄漏区直至气体散尽。

初始隔离距离为 30m，下风向白天疏散距离为 100m，夜间疏散距离为 200m；环氧乙烷发生大量泄漏（>200L），初始隔离距离为 150m，下风向白天疏散距离为 900m，夜间疏散距离为 2500m。

（2）危险化学品火灾、爆炸影响范围及严重程度。

主要类型：储罐火灾、爆炸；管道火灾、爆炸；装卸点火灾爆炸；变配电及其他作业区产生的火灾、爆炸。如控制及时，影响较小；火灾、爆炸如不能及时控制，将会造成重大的人员伤亡、财产损失，也可能造成环境污染。

发生火灾爆炸的事故影响范围：生产或储罐区，严重时会影响到厂区周边范围。

4. 防控措施

公司配有应急供电系统，××系统、调度控制中心等配有不间断供电系统。重大危险源的××生产、储存装置采用 DCS 自动化控制，有紧急停车系统。××配有紧急切断装置和独立的安全仪表系统（SIS）。××类储罐设有液位、温度、压力超限报警和紧急切断装置，有毒、可燃气体泄漏检测报警装置和火灾报警系统。生产装置、储罐区和仓库涉及甲类气体或甲、乙 A 类液体的区域已设置可燃气体报警系统。重大危险源（储罐区、库区和生产场所）有相对独立的安全监控预警系统，相关场所检测仪器的数据直接接入系统控制设备中。易燃品仓库设置了视频监控。一旦发生泄漏、火警，可及时采取相应控制措施。主要危险源及管控方式见表 2。

表 2 主要危险源及管控方式

序号	场所	主要危险源	可能事故	管控方式
1	供配电系统	供配电系统	供电中断	供电安保系统（烟感、监控、火灾报警）
2	聚醚多元醇生产装置	反应釜、管线、原料输送泵	火灾、爆炸、气体泄漏	可燃、有毒气体报警，火灾报警系统，DCS 自动连锁切断，监控，巡回检查
3	聚合物聚醚生产装置	反应釜、管线、原料输送泵	气体泄漏	可燃、有毒气体报警，火灾报警系统，DCS 自动连锁切断，监控，巡回检查
4	储罐区	储罐、输送泵、管线	火灾、爆炸、化工原料泄漏	可燃、有毒气体报警，火灾报警系统，DCS 自动连锁切断，监控，巡回检查
5	易燃品仓库	桶装原料	火灾、爆炸、化工原料泄漏	可燃、有毒气体报警，火灾报警系统，巡回检查
6	装卸点	管线	火灾、爆炸、化工原料泄漏	可燃、有毒气体报警，火灾报警系统，巡回检查

三、应急组织机构与职责

1. 应急组织机构

成立“应急指挥部”，由公司主要负责人和各部门职能机构共同组成。××总经理任总指挥，××安全总监任副总指挥，负责雷电应急处置及事故发生后的救援指挥和组织实施救援工作。夜班、非工作日由当班最高领导担任总指挥。

应急响应小组包括：应急响应和抢救组、后勤保障组、医疗救护组、污染控制组、疏散警戒组、善后处理组。应急组织机构见图 2。

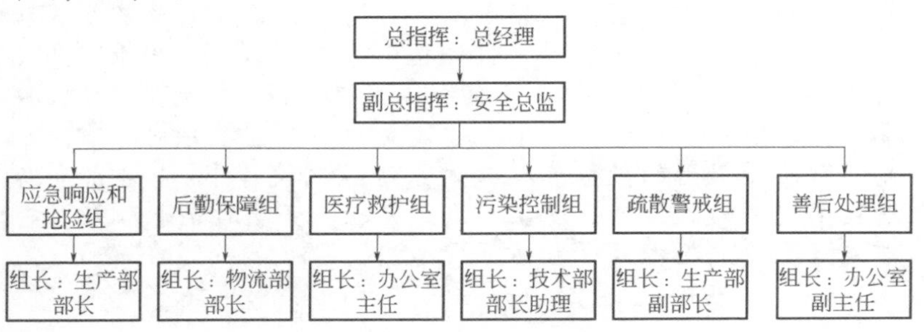

图 2 应急组织机构

2. 职责

（1）应急指挥部：

—负责指挥、协调各部门做好雷电灾害的应急处置工作；

—负责向雷灾安全管理机构报告雷电灾害应急处置工作情况；

—负责雷电灾害应急预案的编制和演练；

—负责雷电灾害预警和防御应急处置；

—负责雷电灾害应急救援工作；

—负责协助做好雷电灾害的调查和鉴定工作；

—负责组织开展雷电灾害的善后工作。

① 总指挥职责：

—负责启动公司应急预案，负责下达预警和预警解除指令，决定应急预案的启动与终止时间；

—负责指挥和协调公司的雷电预警和防御应急响应工作；

—负责指挥和协调公司的雷灾事故应急救援工作；

—负责应急人员和救援物资的调配；

—负责听取现场事故描述，针对事故现场状况，及时调整救援方案；

—负责向上级报告雷灾事故情况，必要时，请求上级专业应急救援分队的支援；

—负责事故现场的衔接工作，在社会应急救援力量到达时，负责汇报事故现场情况并移交指挥权；

—负责组织事故善后处理工作；

总指挥赋予作业现场调度员、安全管理人员在遇到险情时第一时间停产撤人权。

② 副总指挥职责：

—协助总指挥组织指挥本公司应急小组现场救援工作；当总指挥不在时履行总指挥职责，担任现场总指挥。

（2）应急响应和抢险组职责：

—负责落实雷电应急响应预案；

—负责事故现场受伤及失踪、被困人员的抢救；

—负责事故现场的工艺措施以及相应的处置工作；

—负责事故现场的消防、灭火以及抢险救援工作；

—完成总指挥安排的抢险救援工作。

（3）后勤保障组职责：

—按照总指挥命令，负责开设现场指挥部；

—负责应急救援物资装备的保障工作；

—负责为救援人员提供生活保障；

—负责对外联系，请求互助协议单位资源共享；

—负责完成好总指挥交给的临时任务。

（4）医疗救护组职责：

—负责在事故发生时，做好救治受伤人员的准备工作，对轻伤者进行简单救治，对重伤者及时送医院抢救和治疗；

—负责与专业医疗机构的协调；

—负责完成好总指挥交给的临时任务。

（5）污染控制组职责：

—负责事故区域大气环境监测、提供警戒范围依据；

—负责切换雨排系统，将泄漏物料、处置产生的污水引流至废水处理系统或事故池；

—负责与外部环境监测机构联系，协助对公司周边和事故区域大气环境质量进行监测。

（6）疏散警戒组职责：

—负责事故现场的保护、警戒，组织人员疏散，清点人数，如对周边单位有影响，应及时通知周边单位人员进行疏散；

—负责公司内的交通管制，确保消防通道畅通，并引导消防、救护等车辆进入；

—负责对事故区域进行封锁，无关人员禁止入内。

（7）善后处理组职责：

—负责稳定公司内工作、配合事故调查、安抚看望伤员、处理赔偿等。

四、雷电预警和应急响应

1. 雷电预警信息获取

公司应从当地气象部门获取及时、准确的雷电预报预警信息。由总值班调度负责接收，当公司附近出现雷暴天气或接收到雷电预报预警信息时，及时向应急指挥部报告并传递雷电（气象）预报预警信息。经公司应急指挥部成员分析判断，确定预警级别并启动应急预案。

2. 雷电预警信号分级

气象部门将雷电预警信号分为黄、橙、红三个等级(图3)，逐级增强。结合公司生产经营实际，其雷电应急响应也分为三级，其中收到气象部门发布雷电预报和黄色雷电预警信号为三级响应；气象部门发布橙色和红色雷电预警信号，或公司附近发生雷电天气时为二级响应；气象部门发布橙色和红色雷电预警信号，同时发生雷击事故，并引发起火、爆炸或重大危险化学品泄漏时为一级响应，需请求上级支援。雷电预警信号及应急响应等级见表3。

图3　雷电预警信号
（预警信号灯亮时分别显示黄色、橙色、红色）

表3　雷电预警信号及应急响应等级

应急响应等级	预警信号	雷电活动或雷灾
一级响应	橙色和红色雷电预警，同时发生雷击事故	气象部门发布橙色和红色雷电预警信号，同时发生雷灾事故，并引发起火、爆炸或重大危险化学品泄漏，需请求上级支援
二级响应	橙色和红色雷电预警	气象部门发布橙色和红色雷电预警信号或公司附近发生雷电天气时为二级响应
三级响应	黄色雷电预警	收到气象部门发布雷电预报和黄色雷电预警信号为三级响应

（1）雷电黄色预警信号：6小时内可能发生雷电活动，可能会造成雷电灾害事故。

（2）雷电橙色预警信号：2小时内发生雷电活动的可能性很大，或者已经受雷电活动影响，且可能持续，出现雷电灾害事故的可能性比较大。

（3）雷电红色预警信号：2小时内发生雷电活动的可能性非常大，或者已经有强烈的雷电活动发生，且可能持续，出现雷电灾害事故的可能性非常大。

（4）雷电灾害警情：发生雷电灾害事故，并造成起火、爆炸或重大泄漏事故。

3. 雷电预警信息发布

当总值班调度接收到雷电预报、预警信息时，应及时报告应急指挥部。雷电预警信息由应急总指挥或授权有关人员进行发布，预警信息的发布、调整、解除，可通过电话、扩音器等方式进行，根据事态的发展情况和采取措施的效果，预警级别可以升级、降级或解除。

进入预警状态后，在应急指挥部总指挥的指挥协调下，各应急小组成员按照相关应急预案实施相应预警行动，做好应急准备和预防工作。当发生雷灾事故，并造成起火、爆炸或重大泄漏时，应及时报告化工园区管理委员会、应急管理局。

4. 雷电应急响应

（1）当接收到当天有雷电预报或黄色雷电预警信号后，应急指挥部成员和相关领导干部应确保通信畅通，加强值班制度，确保24小时有人值班，做好抢险救灾工作。

（2）应当及时通过有效传播途径在公司内部传播预警信息，确保每名员工及时准确地了解到雷电灾害天气预报，各部门负责人安排相关人员进入岗位并做好现场处置准备工作，根据雷电灾害应急预案及时启动相应标准的应急响应。

（3）组织应急小组、人员进入待命状态，并动员其他人员做好参与应急处置工作的准备。

（4）三级响应：

① 检查供电系统防雷设施运行正常，检查应急供电系统正常，做好外部供电故障时应急准备；

② 检查各类测量、控制和监控系统，确保系统运行正常，做好生产、储运等工作调度安排。

（5）二级响应：

① 启动应急供配电系统，加强供配电系统检查，及时处置供电故障。

② 调度控制中心加强信息控制系统检查，及时处置故障；必要时采取关阀断料、切断电源等工艺措施；通知户外作业人员进入安全地区；储罐区停止输油、输气作业；停止危险化学品装卸作业；做好消防等抢险准备工作。

（6）一级响应：

① 搜救受伤人员脱离至安全地带；

② 紧急疏散并撤离无关人员至安全地带；

③ 采取消防措施控制、灭火、冷却、降温；

④ 采取工艺措施（如关阀断料、切断电源）等；

⑤ 采取污染控制措施，关闭雨水排出阀门，将泄漏物、消防污水引入事故池等；

⑥ 对事故现场实施警戒，防止无关人员进入事故区域，引导外部救援人员和车辆进入事故现场；

⑦ 实施医疗救护，对受伤人员进行有效救助；

⑧ 在组织自救的同时及时向上级部门报告，请求支援。

5. 解除应急响应

（1）当气象部门解除雷电预警信号，在充分评估危险和应急情况的基础上，由应急总指挥宣布应急结束。涉及政府相关部门参与应急救援的，由政府相关部门宣布应急结束。

（2）当发生起火、爆炸或重大环境污染事故时，公司应在1小时内向当地灾害应急管理机构报告，并对获得新的灾情信息进行补充报告，及时组织或积极配合政府主管机构组织的雷电灾害调查、鉴定和评估。

（3）应急响应工作结束后，应急指挥部应及时对灾害处置工作进行全面总结，分析应急经验教训，查找问题，提出解决问题的措施和建议，不断提高应急工作水平。

五、应急预案管理

本预案由应急指挥部负责管理和组织实施，视情况变化及时进行修订完善。

本预案自印发之日起实施。

4.2　雷电灾害应急处置

为加强化工企业防雷安全管理，确保企业、社会及人民生命财产安全，化工企业根据自身实际情况制定突发雷电灾害事故应急处置方案，以使在事故发生时能及时有效地采取措施，控制事态发展，减少事故损失。化工企业雷电灾害应急处置方案应包括现场应急处置工作职责、应急处置流程和应急处置具体内容三部分。

4.2.1　现场应急处置工作职责

4.2.1.1　现场应急处置组织机构（一般以车间、部门为单位）

组　长：车间主任。

副组长：车间副主任、技术员。

成　员：班长、岗位组长及维修人员。

4.2.1.2　现场应急处置人员工作职责

（1）组长工作职责：

组长为现场应急处置指挥员，全权负责应急指挥工作，主要职责为人员资源配置、应急队伍的调动并协调现场的有关工作，并向生产部主任和生产部经理汇报事故情况及相关信息上报。

组长不在时，由副组长履行组长职责。

（2）副组长工作职责：

协助组长做好应急处置工作，其中一人或二人不在时，由副组长指派其他人承担相关工作。

（3）成员工作职责：

① 负责事故状态下工艺数据的收集，参与事故状态下工艺处理，协助编写事故报告。

② 负责事故状态下设备运行的监测，参与指导操作人员事故状态下设备的紧急处理与维护。

③ 负责事故状态下人员救护、设置警戒区、保护现场、各类应急物资和消气防器具的协调、环境保护监控。

④ 参与应急救援，主要负责警戒、疏散、通信、后勤保障等辅助工作。

⑤ 组长应根据现场情况，及时启动相关应急程序，在公司领导小组成员未到达现场前，全权负责现场指挥，负责向相关部门和上级领导报警，指挥操作人员按照事故应急程序，采取必要的相应处置措施。

⑥ 成员应根据工作职责协助组长做好各项应急处置措施。出现事故时，现场职位最高者为指挥，负责应急人员的安排及协调事故现场有关工作。

4.2.2　应急处置流程

为了尽量避免意外或紧急事故的发生，以及当出现意外或紧急事故时能及时采取有效措施，加强各部门之间的协同配合，制定化工企业应急处置流程和应急处置具体要求，详细内容见图 4.1 应急处置流程图和表 4.1 雷电灾害应急处置表。

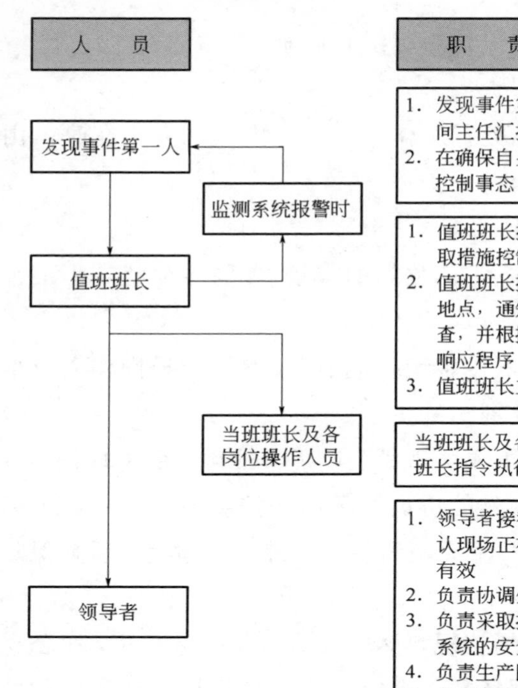

图 4.1　应急处置流程图

表 4.1　雷电灾害应急处置表

处置	负责人
1. 立即停止登高、高空巡检、装卸车等作业	值班班长、当班班长、各岗位操作人员
2. 尽量远离高架灯、大树，防止雷电伤人	当班班长、各岗位操作人员
3. 察看区域内所有设备、设施运行及损坏情况，检查有无危险化学品泄漏；清点人数	当班班长、各岗位操作人员
4. 向值班班长汇报现场情况	当班班长、各岗位操作人员
5. 根据值班班长报告，如涉及泄漏、人员伤亡、火灾爆炸等情况，立即向消防、急救中心及公司应急响应中心报警	车间主任

续表

处置	负责人
6．根据现场的实际状况，启动相应的应急响应程序	车间主任
7．向当地应急管理部门、气象主管部门报告，并启动应急预案。有人员伤亡、火灾、爆炸时应迅速报告消防、医疗等相关机构	公司应急领导者
8．组织营救、伤员救治、疏散撤离和妥善安置受到威胁的人员。分配救援任务，协调各类救援队伍的行动，查明并及时组织理性消除次生、衍生灾害，组织公共设施的抢修和援助物资的接收与分配等	公司应急领导者

4.3　雷电灾害应急演练

为了检验化工企业雷电灾害应急预案的实用性，增强企业各部门之间的协同作战能力，进一步完善企业雷电灾害应急处置措施，全面提升组织能力和行动能力，化工企业应定期进行雷电灾害应急演练，可参考下附雷电灾害应急演练方案。

××公司雷电灾害应急演练方案

一、演练目的

为切实提高我公司雷电灾害应急处理能力，真正掌握雷电灾害应急处理知识，增强自救互救能力，提高危险化学品事故应急处置能力，夯实企业安全生产的基础。努力营造良好的安全环境，确保公司生产经营活动的正常进行。

二、演练时间

20××年×月×日　下午××：××

设定适时的气象条件（风向、风速）

三、演练地点

××区

四、演练内容

（1）雷灾事故应急响应通知程序演练；

（2）火灾扑救方法演练；

（3）保安应急处置演练。

五、应急救援指挥机构成员

总 指 挥：×××

副总指挥：×××

成　　员：×××

六、应急程序

（一）事故现场报警

1. 室外操作人员在现场进行装桶时，因雷击引起燃烧，室外操作人员立即向值班班长报告。要求报清具体内容：事故发生地点、设备、情况，有无人员伤亡。

2. 值班组长接到报告后，通知各当班班长和各岗位操作人员，并上报总指挥、副总指挥，当险情无法控制时，立即报警（119）。

3. 值班班长作为第一现场指挥者，组织操作人员采取以下应急措施：

（1）关闭相关阀门，切断事故源；

（2）立即疏散现场人员，防止车辆和无关人员进入，现场车辆严禁启动，下风向界区内严禁一切火种；

（3）开启稳高压系统，接消防水带对周边设备进行水雾降温；

（4）根据着火的介质，使用相应的灭火器进行灭火；

（5）关闭雨水出口阀门，防止消防污水通过雨水管道排出厂外。

值班班长在生产部负责人到场后，立即报告，并将现场指挥权移交给生产部负责人；总指挥先于生产部负责人到场时，直接将指挥权移交总指挥。

（二）事故信息报警、接警程序

事故信息报警和接警程序包括向消防机构接警人员报告以下内容：

（1）事故发生的时间和地点；

（2）事故类型：火灾、爆炸、泄漏、中毒等；

（3）估计造成事故的程度；

（4）事故可能持续时间；

（5）健康危害和必要的处理措施；

（6）联系人姓名和电话。

消防机构接警人员接到报警后，立即启动消防联动预案。

应急响应和抢险组负责人接到报告后，根据具体情况决定是否立即启动雷电灾害应急预案。

公司各相关人员接到现场人员报告后，立即赶赴现场并按各自职责迅速开展应急救援工作。

生产部负责人到场后，承担第一现场指挥者职责，按总指挥的指令，落实应急预案各项工作的开展。

（三）启动应急救援预案

1. 总指挥接到报告后启动相应应急预案。

2. 总指挥到现场后，生产部负责人立即报告，并将现场指挥权移交给总指挥。公司相关人员到现场后，在按各自职责分头展开救援工作的同时，及时向总指挥报告。

（四）应急救援指挥机构及各专业组职责

1. 总指挥

（1）总指挥是现场应急处理的总负责人；

（2）从先前的现场指挥人员处获取简要事件信息；

（3）批准现场应急实施方案。

2. 副总指挥

（1）协调与政府职能部门之间的关系，应对新闻媒体和公众的质询；

（2）做好应急救援后勤保障工作。

3. 生产部部长

（1）执行事件的应急响应行动计划；

（2）组织实施应急救援预案和现场应急实施方案。

4. 技术部部长

（1）协助总指挥确定现场应急方案；

（2）组织实施环保、治安应急行动；

（3）向上级公司报告事故及救援情况。

5. 应急响应和抢险组

组长：×××

组员：×××

（1）组长负责应急响应和抢险组的全面指挥；

（2）在接到总指挥的指令后，应急响应和抢险组应迅速到达事件发生现场；

（3）负责事故现场受伤及失踪、被困人员的抢救；负责事故现场的工艺措施及相应的处置工作；负责事故现场的消防、灭火及抢险救援工作。

6. 污染控制组

组长：×××

组员：×××

（1）负责组织对事故现场污染区域进行监测，包括事故影响的边界、污染物质的浓度和流量等，并对各外排口的水质进行监测；

（2）负责切换雨排系统，将泄漏物料、处置产生的污水引流至废水处理系统或事故池；

（3）负责与外部环境监测机构联系，协助对公司周边和事故区域大气环境质量进行监测。

7. 疏散警戒组

组长：×××

组员：×××

（1）负责事故现场警戒、治安保卫、配合公安部门实施道路交通管制和人员疏散等工作；

（2）在事故装置区外主、辅道路路口实施警戒，拉警戒线，派人警戒，疏导交通；

（3）1号门和2号门实行戒严，关闭移动门，禁止无关车辆、人员进入。

8. 医疗救护组

组长：×××

组员：×××

在事故发生前，做好救治受伤人员的准备工作；在事故发生时，对轻伤者进行简单救治，对重伤者及时送医院抢救和治疗；负责与专业医疗机构的协调。

9. 后勤保障组

组长：×××

组员：×××

负责应急救援物资装备的保障工作，对外联系，请求互助协议单位资源共享等。

10. 善后处理组

组长：×××

组员：×××

负责应急演练结束后相关文档记录等善后工作。

（五）消防机构任务

消防车停靠消火栓，对着火点进行火灾模拟扑救。

七、演练结束

（1）总指挥发布终止应急响应指令；

（2）接到演练结束命令后，各救援专业小组跑步至指挥部前集合，现场指挥员整队完毕向总指挥报告后归位；

（3）总指挥进行讲评。

八、注意事项

（1）演练过程中要确保做到“四不伤害”；

（2）车辆行驶要注意安全；

（3）消防车出水时严禁瞬间提高水压；

（4）为防止设备受损，出水时严禁直接向罐体和相关设备射水；

（5）指挥部应设立在上风向明显的位置，便于查看火场；

（6）所有进攻人员必须佩戴好防毒面具或正压空气呼吸器；

（7）着火处用泡沫进行扑救，严禁用水扑救。

九、现场人员标志

（1）现场总指挥：红袖章，黄字“总指挥”；

（2）现场副总指挥：红袖章，黄字“副总指挥”；

（3）现场各救援专业小组组长：红袖章，黄字“指挥”。

第5章 防雷安全培训

防雷安全培训旨在通过雷电防御制度、知识、技术的普及，进一步培养化工企业相关人员的雷电灾害防范意识、提高应急响应能力，对预防雷电灾害的发生、保障化工企业安全生产有着重要的意义。

防雷安全培训应结合企业生产实际，制订年度培训计划，并组织培训、考核。化工企业防雷安全教育培训计划可参考下附防雷安全教育培训计划模板。

防雷安全教育培训计划

为贯彻落实国家安全生产法律法规及主管部门防雷安全要求，提高员工防雷安全意识和应急处置技能，减少雷电灾害损失，根据公司防雷安全教育培训制度，结合公司生产实际，制定××××年度防雷安全培训计划如下：

一、培训目标

公司防雷安全负责人及安全管理人员熟悉公司防雷安全管理工作，从业人员掌握本岗位防雷安全操作、应急处置等相关知识和技能。

二、培训内容

（1）国家有关防雷安全的法律法规及防雷主管部门的相

关政策文件；

（2）公司防雷安全规章制度、操作规程等；

（3）雷电及防护基本常识，应急处置措施等；

（4）典型雷击事故案例分析；

（5）公司雷击事故风险点及防范措施；

（6）雷电防护装置的组成与维护。

三、时间安排

时间	主题	方式	学时（个）	人员	授课人	备注
3—5月	法律法规及企业防雷规章制度	授课	2	全体员工	防雷主管部门专家	
	雷电及防护基本常识	授课	2	全体员工	防雷专家	
	事故案例分析及防雷安全操作规程	授课	2	全体员工	防雷专家	
	雷电灾害应急处置及应急演练	授课	2	全体员工	防雷专家	
	防雷装置维护	现场操作	2	安环部	防雷专家	
	企业防雷安全咨询	座谈	2	安环部、生产主管部门	防雷专家	

四、要求

（1）防雷安全领导小组办公室应提前做好培训方案，并报防雷安全领导小组审批，及时通知培训涉及的相关人员做好准备；

（2）不能按期举行安全培训教育活动的，要及时向防雷安全生产领导小组报告，说明不能举行的原因和延期举行的具体时间；

（3）培训结束后，要对参与培训人员进行考核，要对培训效果进行总结，提出改进意见。

五、培训记录

公司组织的所有防雷安全教育培训都应做好培训记录，并建立档案。

防雷安全教育培训记录表

<table>
<tr><td colspan="2">培训时间</td><td></td><td colspan="2">培训地点</td><td></td></tr>
<tr><td colspan="2">培训方式</td><td></td><td colspan="2">培训学时</td><td></td></tr>
<tr><td colspan="2">授课人</td><td></td><td colspan="2">记录人</td><td></td></tr>
<tr><td colspan="2">参加人员</td><td colspan="4"></td></tr>
<tr><td colspan="2">培训主题</td><td colspan="4"></td></tr>
<tr><td colspan="2">培训内容</td><td colspan="4"></td></tr>
<tr><td colspan="6">受训人员签名</td></tr>
<tr><td>序号</td><td>姓名</td><td>成绩</td><td>序号</td><td>姓名</td><td>成绩</td></tr>
<tr><td>1</td><td></td><td></td><td>6</td><td></td><td></td></tr>
<tr><td>2</td><td></td><td></td><td>7</td><td></td><td></td></tr>
<tr><td>3</td><td></td><td></td><td>8</td><td></td><td></td></tr>
<tr><td>4</td><td></td><td></td><td>9</td><td></td><td></td></tr>
<tr><td>5</td><td></td><td></td><td>10</td><td></td><td></td></tr>
<tr><td colspan="6">备注：</td></tr>
</table>

第6章 档案管理及制度汇编

防雷档案管理，是确保技术资料的齐全、完整和准确，发挥技术档案在生产、基建中的作用，促进生产力发展和科技进步的重要措施。

化工企业应建立防雷档案管理制度，明确防雷档案管理人员的职责、程序和要求，也可建立电子档案，便于自身管理使用和行业主管部门调取检查。

6.1 制定原则

为做好企业防雷档案工作，实现防雷档案工作规范化、制度化，提高档案管理水平，根据《中华人民共和国档案法》《中华人民共和国档案法实施办法》《企业文件材料归档范围和档案保管期限规定》等制定防雷档案管理制度。

（1）本制度所称的档案是指企业自筹建以来在防雷管理过程中形成的具有保存价值的各种形式的文件材料。

（2）防雷档案由相关法律规范，防雷安全管理有关文件，防雷管理制度，防雷装置建设、检测、维护记录，防雷培训资料，雷电灾害报告等组成。

（3）对国家规定应当归档的材料必须定期向档案室移交，集中管理，任何人不得据为己有。

（4）防雷文件材料归档工作应纳入企业工作计划，纳入企业领导工作议程，纳入有关人员岗位责任制。

（5）新建项目防雷装置设计审核及竣工验收相关资料档案应由专人永久保存。定期检测技术档案的保管期限：纸质文档不少于 3 年，电子文档不少于 5 年。

6.2 雷电灾害防御档案内容

防雷档案应包括但不限于下述内容：

（1）企业基本情况和雷电灾害风险点与危险源的具体部位（可绘制四色图表示）；

（2）防雷安全主体责任、相关法律法规及防雷安全管理有关文件；

（3）雷电灾害防御工作制度；

（4）建（构）筑物和生产、经营、使用、存储等活动场所安装的防雷装置设计施工、检测等相关文件、资料，新建建（构）筑物防雷装置的审核验收资料，雷电灾害风险评估报告；

（5）企业防雷装置汇总情况表；

（6）防雷检测机构年度防雷装置检测报告及整改报告；

（7）雷电灾害相关记录，包括雷电灾害应急预案、应急演练记录、雷电灾害防御知识培训记录、定期巡查记录及隐患排查、整改情况记录，防御设施、装置、器材等的检修记录；

（8）雷灾报告等资料；

（9）雷电灾害发生及应急处置情况；

（10）其他需要归档的资料。

6.3　档案管理体制和职责

企业防雷档案由行政部负责管理，设立档案室并由专人管理，各经营主体应设立档案室，并制定专人负责档案管理，业务上接受集团行政部的监督和指导。其主要职责是：

（1）负责收集、鉴定、整理、保管集团总部的各类档案资料。

（2）严格执行保密和库房管理制度，确保档案的安全与完整。

（3）开发利用档案信息资源，编制检索工具、专题汇编、编研材料，做好查（借）阅档案和利用情况登记。

（4）做好防雷档案的保管、统计和初步鉴定工作。准确判定文件的保管期限。对保管期限已满，经初步鉴定无保存价值的档案，应编制清册，经档案鉴定小组审核，报有关领导审批后销毁。

（5）对各部门防雷档案工作进行检查和业务指导，负责专业培训的联系工作。

（6）开展档案宣传工作，提高员工档案管理意识，利用各种现代化管理设施和技术，完善档案管理工作，不断提高档案管理水平。

企业可设置兼职档案员 1 名，其主要职责是负责收集、整理企业防雷工作中所形成的文件、材料、声像档案等，编制移交清单，定期将本企业上一年需要移交档案室的材料按要求向档案室移交。兼职档案员业务上接受档案室的指导。

6.4 文件材料的形成与归档

（1）根据企业档案管理规定，防雷档案按照文件材料形成、积累、整理和归档的相关制度执行。

（2）防雷安全管理工作中形成的文件材料，由各职能部门按其业务范围，指定有关人员负责积累、整理后归档，然后交给企业档案管理人员归档。

（3）各部门形成的防雷档案材料，必须按一个项目进行配套，加以系统管理，组成案卷，填写保管期限，经技术负责人审查后，集中统一管理，任何人不得据为己有。

（4）防雷档案应进行分类编号和必要的加工整理，并排列整齐。

（5）已归档防雷技术图纸、说明书的修改和补充等工作应先请示领导，履行审批手续。

（6）建立防雷档案的收进、移出总登记簿和分类登记簿，及时登记。每年年未，要对防雷档案的数量、利用情况进行统计。

（7）企业防雷档案原则上限于内部人员调阅，调阅文件档案要履行调阅手续（表 6.1、表 6.2）。

（8）调阅档案交还时，必须当面点交清楚，如发现流失或损坏时，应立即报告领导。

（9）外部机构调阅文档只限在档案室，需带出档案室时，需经过企业领导批准。

（10）文件档案调阅时间原则上不超过一周。

表 6.1　档案调阅单

日期：××××年××月××日

姓名		部门		职务	
查阅申请					
企业领导、部门经理及主管领导意见					
行政部门人力资源中心意见					
备注					

表 6.2　档案调阅记录

查阅日期	姓名	部门	职务	查阅原因	查阅内容	是否复印/摘抄	查阅人确认	档案管理员确认

6.5　附则

（1）企业档案管理部门及专职负责人应严格执行上述管理

规定，如出现违规行为，给予负责人点名批评，并视情节轻重处以 100～500 元的罚款。

（2）经批准借出的文档材料，无正当理由逾期不归还的，给予责任人 100～300 元的处罚；档案管理人员不及时催还的，每次给予 10～50 元的处罚。

（3）故意毁损档案材料的，视损毁材料的价值给予相应处罚，情节严重的，予以辞退处理。

本规定解释权由防雷安全领导小组解释。

第7章 化工企业雷电灾害案例

雷电是我国大部分地区频发的灾害性天气现象。我国每年因雷击造成的人员伤亡数近千人，雷击所导致的火灾、爆炸等事故时有发生。特别是石油化工企业，在生产中涉及的物料易燃易爆品多、危险性大，发生火灾、爆炸事故概率高，一旦发生起火爆炸事故，极易引发重大财产损失和人员伤亡，甚至引发巨大的环境污染。

案例一：1989年8月12日，山东黄岛油库因雷击造成特大火灾爆炸事故，直接经济损失3540万元。19人牺牲、100多人受伤。事后经调查分析，火灾爆炸事故当天，8月12日9时55分左右，有6人从不同地点目击到5号油罐起火前该区域有对地雷击。中国科学院空间中心测得当时该地区曾有过两三次落地雷，最大一次电流104kA，表明当天油库罐区有雷电天气发生。由于在4号、5号混凝土油罐四周各架了4座30m高的避雷针，避雷针接地良好，罐顶部装设了防感应雷屏蔽网，雷电直接燃爆油气、避雷针感应电压产生火花、空中雷放电引起感应电压产生火花以及绕击雷直击的可能性很小。但罐区周围对地雷击感应电压产生火花，引燃燃爆油气起火爆炸的可能性存在。调查发现4号、5号油罐始建于20世纪70年代初，当时我国缺乏钢材，混凝土建造，在战备思想指导下，边设计，边施工，边投产。这种混凝土油罐内部钢筋错综复杂，透光孔、油气呼吸孔、消防管线等金属部件布满罐顶、使用一定年限以后，混凝土保护层脱落、钢筋外露，在钢筋的捆绑处、间断处易受雷电感应产生放电火花，如遇周围油气在爆炸极限内，则会引起爆炸。混凝土油罐体极不严密，随着使用年限的延长，罐顶预制拱板产生裂缝，形成纵横交错的油气外泄孔隙，混凝土油罐多为常压油罐，罐顶因受承压能力的限制，需设通气孔泄压，通气孔直通大气，在罐顶周围经常散发油气，形成油气层，是一种潜在的危险因素。混凝土油罐只重储油功能，大多数因陋就简，忽视消防安全和防雷避雷安全，安全系数低，极易遭雷击。5号油罐的罐体结构及罐顶设施随着使用年限的延长，预制板裂缝和保护层脱落，使钢筋外露，罐顶部防感应雷屏蔽网连接处均用铁卡压固，油品取样孔采用九层铁丝网覆盖……5号罐体中钢筋及金属部件的电气连接不可靠的地方颇多，均有因感应电压而产生火花放电的可能性。此外，根据电气原理，50～60m以外的天空或地面雷电感应，可使电气设施产生100～200mm的间隙放电。从5号油罐的金属间隙看，当周围几百米内有对地的雷击时，只要有几百伏的感应电压就可以产生火花放电。5号油罐自8月12日凌晨2时起到9时55分起火时，一直在进油，共输入1.5万立方米原油，必然向罐顶周围排放同等体积的油气，使罐外顶部形成一层达到爆炸极限范围的油气层。1985年4号罐发生过雷击火灾，但没有引起足够重视，加上黄岛油库区储油规模过大，生产布局不合理，长期无整改，引起了罐区雷击起火的发生。8月

12日5号罐遭雷击起火，致使罐内1.5万吨原油燃烧，引火高达10m，形成了300余平方米的熊熊大火，天气也不遂人愿，风助火力，致使大火蔓延到更多个罐区，造成油罐库区重大火灾爆炸事故，损失极其惨重。

案例二：1998年6月18日16时36分，江西化纤化工有限责任公司有机分厂化工储罐区雷击起火，火灾爆炸掀掉三个罐。分析雷击起火原因是：罐区起火部位罐体均压屏蔽网严重锈蚀，构件与构件之间跨接不良，过渡电阻超过规范规定要求，容易产生间隙放电火花，罐区增加储罐后，有的不在防雷装置保护范围，使雷击罐区成为可能。

案例三：2001年5月8日4时30分，广东省惠阳市秋长镇元翔化工制品厂遭雷击引发火灾，造成爆炸，两层厂房被炸得只剩下一堵残墙，50m以外的一间小店也被炸毁，附近一间工厂的玻璃全部被震碎，造成三死八伤。其雷击起火爆炸的原因是工厂由仓库改成，没有向消防部门报批，元翔化工制品厂的产品和原料都属于易燃品，没有分开存放，该厂仅有一堵防雷避雷墙，遭雷击后引发火灾，造成爆炸。发生爆炸后未能及时组织员工撤离，造成伤亡。

案例四：2004年8月26日9时，正值雷雨天气，济南某化工厂内设备运行正常。忽然一声雷鸣过后，厂内巡视检查工人发现厂区内8号氮氢气压缩机放空管着火。事后分析这次雷击火灾原因非常清楚。氮氢气压缩机各级放空用截止阀，在长期的使用过程中磨损严重，没能及时进行维修和更换，造成个别放空截止阀内漏严重，操作工人在进行排放油、水的过程中，没能按照操作规程进行操作，使氮氢气进入集油器后随放空管进入大气。该厂采取的避雷措施是在压缩机厂房上安装避雷带，而放空管的高度超过了避雷带，其他的避雷针又不能覆盖放空管，使氮氢气通过放空管进入大气，遭遇雷击而发生着火事故。

案例五：2005 年 4 月 21 日晚 10 时 25 分，位于重庆市綦江县百度镇的东溪化工厂因雷击发生爆炸，距离爆炸核心乳化车间 200m 的厂区道路上布满残砖断瓦，3 层楼高的乳化生产车间已经被完全夷为平地，爆炸将建筑物和化工设备的碎片炸飞到 70～80m 以外的地方，7 人遇难，12 人失踪，11 人受伤。事故发生后一位女工介绍，事发的生产乳化炸药车间粉尘运输管道出现堵塞，一直没有修复，当管道内积聚的炸药至少有 2 吨时，雷击引爆车间管道内炸药导致大型爆炸事故。

案例六：2005 年 6 月 15 日，江苏仪征化纤厂遭雷击，全厂断电停产，造成的直接经济损失达 3000 万元以上。

案例七：2008 年 6 月 3 日 18 时，广州茂名地区出现强雷暴天气，18 时 32 分，茂名市榭平岭变电站榭稀线遭雷击跳闸，引起附近某石化公司总变电北站 1#主变压器、南站 1#主变压器发生晃电，导致 12 套装置跳车，2#裂解炉出口膨胀节失效，气体泄漏着火，发生火灾事故，造成 2#裂解炉部分管线、仪表和设备损坏，厂区周围的数千名群众紧急冒雨撤离，导致占广东 1/3 产能的 64 万吨乙烯炼化项目全线停产，损失惨重，爆炸对方圆至少两公里的范围造成影响，由于爆炸产生的灰尘布满村里的水井和鱼塘，导致附近村落一百多口饮用水井一夜之间变为黑色，严重影响周围居民的生命安全。

据统计，雷击占石油化工行业发生的起火爆炸事故的 1/3 以上，已成为石油化工行业起火爆炸的主要原因之一。

从上面几个雷击起火爆炸事故的实例可以看出，石油化工场所存有大量易燃易爆产品，遇到电火花极易起火爆炸，即使安装了防雷设施，若各种生产、库存、储运等设施存在损坏、裂缝、布局不合理，亦可能遭受雷击感应过电压的危害。石油化工场所的防雷保护必须受到高度重视，必须实施精细化的雷电保护措施。

第8章 雷电基础知识及防护措施

8.1 雷电的形成和放电过程

天空中有雷雨云的时候，因雷雨云带有大量的电荷，由于静电感应的作用，雷雨云下方的地面和地面上的物体都带上了与雷雨云极性相反的电荷，当雷雨云与地面之间的电压达到一定强度时，雷雨云与地面上突出的物体之间就会出现放电现象。

肉眼看到的一次闪电，其过程是很复杂的。当雷雨云移到某处时，云的中下部是强大负电荷中心，与云底相对的下垫面形成正电荷中心，在云底与地面间形成强大电场。在电荷越积越多，电场越来越强的情况下，云底首先出现一段大气被强烈电离的气柱，称为梯级先导。这种电离气柱逐级向地面延伸，每级梯级先导是直径约 5m、长 50m、电流约 100A 的暗淡光柱，它以平均约 1.5×10^5m/s 的高速度一级一级地延伸向地面，在离地面 5～50m 时，地面便突然向上回击，回击的通道是从地面到云底，沿着上述梯级先导开辟出的电离通道。回击以 5×10^7m/s 的更高速度从地面驰向云底，发出光亮无比的光柱，历时 40μs，

通过电流超过 1×10^4A，即第一次闪击。相隔百分之几秒之后，云中出现一根暗淡光柱，携带巨大电流，沿第一次闪击的路径飞驰向地面，称为直窜先导，当它离地面 5～50m 时，地面再向上回击，再形成光亮无比的光柱，即第二次闪击。接着又类似第二次那样产生第三、第四次闪击。通常由 3～4 次闪击构成一次闪电过程。一次闪电过程历时约 0.25s，在此短时间内，窄狭的闪电通道上要释放巨大的电能，因而形成强烈的爆炸，产生冲击波，然后形成声波向四周传开，这就是雷声或称为“打雷”。

8.2　雷电类型

按空间位置分类：云际闪电、云内闪电、云地闪电（也称地闪）；其中，地闪跟我们日常工作、生活密切相关，是大部分雷电灾害发生的罪魁祸首。

按电荷极性分类：正极性闪电、负极性闪电。

按闪电形状分类：线状闪电、带状闪电、片状闪电、连珠状闪电、球状闪电。

8.3　雷电效应及危害形式

雷电有很大的破坏力，主要有以下几方面破坏作用。

（1）热效应：雷电放电通道温度很高，一般在 6000～20000℃，甚至高达数万度。这么高的温度虽然只维持几十微秒，但它碰到可燃物时，能迅速燃烧起火。强大的雷电流通过电气设备会引起设备燃烧、绝缘材料起火。

（2）机械效应：雷电流温度很高，当它通过树木或墙壁时，其内部水分受热急剧汽化或分解出气体剧烈膨胀，产生强大的机械力，使树木或建筑物遭受破坏。强大的雷电流通过电气设备会产生强大的电动力，使电气设备变形损坏。

（3）雷电反击：接闪器、引下线和接地体等防雷保护装置在遭受雷击时，都会产生很高的电位，当防雷保护装置与建筑物内部的电气设备、线路或其他金属管线的绝缘层距离太小时，它们之间就会发生放电现象，即出现雷电反击。发生雷电反击时，可能引起电气设备的绝缘层被破坏，金属管被烧穿，甚至可能引发火灾和人身伤亡事故。

（4）雷电流的电磁感应：雷电流迅速变化，在它的周围空间就会产生强大而变化的磁场，处于该电磁场中的导体就会感应出很高的电动势。这种强大的感应电动势可以使闭合回路的金属导体产生很大的感应电流，该感应电流的热效应（尤其是导体接触不良部位，局部发热更厉害）会使设备损坏，甚至引发火灾。对于存放可燃物品，尤其是存放易燃易爆物品的建筑物将更危险。

（5）雷电流引起跨步电压：当雷电流入地时，在地面上会引起跨步电压。当人在落雷地点 20m 范围内行走时，两只脚之间就会有跨步电压，造成人身触电事故。

8.4 防护措施

（1）第一招 艺多不压身 多学为良策。

通过多种渠道主动学习雷电及雷电灾害防护相关知识。

（2）第二招 出门要看天 资讯不可少。

出门前可通过电视、手机短信、互联网、报纸等多种渠道获知天气信息，做好准备，防患未然。

（3）第三招 雷声判距离 征兆可预知。

由于光速与声速相比有明显的差异，当遇到雷电天气时，如果听到雷声与看见闪电的时间间隔越来越短，就说明雷电离得越来越近；当你在室外感觉到自己的头发竖起或皮肤有异样的感觉时，那很可能就将受到雷击。

（4）第四招 防雷有原则 践行隐患少。

室外防雷要遵循两大原则：一是人体要尽量处于较低的位置，以减少直接雷击的风险；二是人体两脚之间的距离要尽量小，以减少“跨步电压”的风险。

（5）第五招 雷往高处“走” 人往低处行。

雷电容易击中海拔较高的物体，如山顶、高楼、屋顶、电线杆、烟囱等，在雷雨天气要远离这些物体并寻找低洼处下蹲并双脚靠拢。

（6）第六招 大树好乘凉 避雷是大忌。

不宜在大树下躲避雷雨，如果万不得已，一定要与树干树枝等保持3米以上的距离，下蹲并双脚靠拢。

（7）第七招 洞口危险大 深处保安全。

在野外活动遇雷雨天气，如附近有山洞或古塔等，可以躲到山洞内或塔内避雨。一定不要在洞口或塔门处站立，因为这些地方很有可能是雷电的泄放通道。

（8）第八招 有雷勿奔跑 分散不拉手。

在野外遇到雷电切勿奔跑，要双脚并拢蹲下。双手放于膝盖上。如果是几个人在一起，不要因为害怕而手拉手，手拉手增加跨步电压的风险，此时应该分散，相互之间保持几米的距离。

（9）第九招 空旷不打伞 手机不可用。

雷雨天气不要在空旷的野外使用雨伞，因为在雷暴天气雨伞的尖端容易形成尖端放电，进而形成雷电放电通道。同时不要在室外拨打手机，手机容易变成“引雷器”。

（10）第十招 远离金属体 江河勿靠近。

雷雨天气一定要远离金属体（如输电线、输电杆塔、金属厂房、铁路、金属管道等），因为这些金属物体具有引雷的效应。雷雨天气要远离江河湖泊，也不要在水里游泳。

（11）第十一招 汽车可避雷 船舶宜靠岸。

如果遇雷雨天气正好在汽车里面，应立即将车门、车窗关好，不要下车，金属的汽车外壳是良好的等电位体，能保证人身安全。当遇雷雨天气正好在船上时，如果可以及时靠岸，则应上岸后寻找安全地方躲避；如果来不及靠岸，则及时躲避到船舱内。

（12）第十二招 活动要停止 躲到建筑内。

当雷雨天气来临时，应立即停止户外活动或作业，如球类活动、骑车、钓鱼、水上游玩、田间耕种等。应当就近寻找建筑物躲避。

（13）第十三招 门窗要关好 墙壁保距离。

发生雷电时，要关闭好门窗，以防止直接雷击和球形雷的侵入。同时尽量与外墙、门窗及阳台灯保持一定的距离，以防接触电压或旁侧闪击。

（14）第十四招 管线不触碰 插头要拔下。

雷雨天气在室内不要靠近及触碰金属管线，如水管、天然气管等。雷雨天最好将家用电器，如电视、电脑、电冰箱、洗衣机等的插头拔下，因为电源线、信号线都是从室外引入室内的，这些线路上有可能感应到雷电流，从而导致家用电器的损坏，甚至造成火灾。

（15）第十五招 伤者不带电 急救莫迟疑。

经常有人认为人体遭受到雷击后，身上会带有雷电而不敢上前救援，这是一种错误的认知。人体只不过是雷电泄放的一个通道，雷电流通过人体流散入大地，人体是不带电的，所以应及时对伤者进行抢救。被雷电击中的伤者可能会出现心脏骤停、呼吸停止等“假死”现象，此时应立即采取人工呼吸及人工按压措施，进行急救，同时应及时拨打120急救电话。

（16）第十六招 雷灾先预防 灾害要报告。

国家标准规定的第一、二、三类防雷建（构）筑物应安装相应的防雷设施，并委托具有检测资质的防雷服务机构进行防雷年检（每年检测一次），其中爆炸和火灾危险场所应每半年检测一次，以减少建（构）筑物的防雷隐患。当雷灾发生后，不论是设备损坏还是人员伤亡，都应当及时报告当地气象部门，以便第一时间对雷灾现场进行调查。

8.5　预警信息

雷电预警信号分为三级，危害程度从低到高分别以黄色、橙色、红色表示。

8.5.1　雷电黄色预警信号

雷电黄色预警信号见图8.1。

图8.1　雷电黄色预警信号图标

发布标准：6小时内可能发生雷电活动，可能会造成雷电灾害事故。

防御指南：

（1）单位相关部门按照职责做好防雷工作；

（2）密切关注天气，尽量避免户外活动。

8.5.2 雷电橙色预警信号

雷电橙色预警信号见图 8.2。

图 8.2 雷电橙色预警信号图标

发布标准：2 小时内发生雷电活动的可能性很大，或者已经受雷电活动影响，且可能持续，出现雷电灾害事故的可能性比较大。

防御指南：

（1）单位相关部门按照职责落实防雷应急措施；

（2）人员应当留在室内，并关好门窗；

（3）停止室外输油、排气等操作；

（4）户外人员应该躲入有防雷设施的建筑物或汽车内；

（5）切断危险电源，不要在树下、电线杆下、吊塔下避雨；

（6）在空旷场地不要打伞，不要把农具、铁锹等扛在肩上。

8.5.3 雷电红色预警信号

雷电红色预警信号见图 8.3。

图 8.3　雷电红色预警信号图标

发布标准：2 小时内发生雷电活动的可能性非常大，或者已经有强烈的雷电活动发生，且可能持续，出现雷电灾害事故的可能性非常大。

防御指南：

（1）单位相关部门按照职责做好防雷应急抢险工作；

（2）停止室外输油、排气等操作；

（3）人员应当尽量躲入有防雷设施的建筑物或者汽车内，并关好门窗；

（4）切勿接触天线、水管、铁丝网、金属门窗、建筑物外墙，远离电线等带电设备和其他类似金属装置；

（5）尽量不要使用无防雷装置或者防雷装置不完备的电视、电话等电器；

（6）密切注意雷电预警信息的发布。

8.6　雷电预警获取方式

（1）关注电视、电台、报纸、手机短信等定时提供的天气信息。

（2）通过网站、微博、微信公众号、96121 电话、手机 App 等主动获取天气信息。

（3）与气象部门签订专业气象服务协议，实时获取有针对性的各类气象灾害信息。

参考文献

[1] 中华人民共和国住房和城乡建设部. 建筑物防雷设计规范：GB 50057—2010 [S]. 北京：中国标准出版社，2010.

[2] 全国雷电防护标准化技术委员会. 建筑物防雷装置检测技术规范：GB/T 21431—2008 [S]. 北京：中国标准出版社，2008.

[3] 全国雷电防护标准化技术委员会. 雷电防护：第 4 部分 建筑物内电气和电子系统：GB/T 21714—2015 [S]. 北京：中国标准出版社，2016.

[4] 中华人民共和国住房和城乡建设部. 建筑物电子信息系统防雷技术规范：GB 50343—2004 [S]. 北京：中国建筑工业出版社，2004.

[5] 全国气象防灾减灾标准化技术委员会. 防雷装置设计技术评价规范：QX/T 106—2009 [S]. 北京：气象出版社，2009.

[6] 肖稳安，张小青. 雷电与防护技术基础 [M]. 北京：气象出版社，2006.

[7] 陈渭民. 雷电学原理：第二版 [M]. 北京：气象出版社，2003.

[8] 周德红. 化学工业园区安全规划与风险管理研究 [D]. 武汉：中国地质大学，2010.

[9] 中国石油化工集团公司. 石油化工静电接地设计规范： SH 3097—2000 [S].

[10] 肖稳安. 防雷专业技术知识问答 [M]. 北京：气象出版社，2010.

[11] 虞昊. 现代防雷技术基础 [M]. 北京：清华大学出版社，2005.

[12] 刘娟，刘全桢，刘宝全，等. 大型浮顶储罐雷击火灾事故机理分析 [J]. 中国安全生产科学技术，2013，9（1）：108-112.

[13] 周宁. 化工园区风险管理与事故应急辅助决策技术 [M]. 北京：中国石化出版社，2015.

[14] 玄军伟. 化工园区危险化学品储存风险管控模型研究 [D]. 北京：首都经济贸易大学，2017.

[15] 中华人民共和国应急管理部. 危险化学品生产装置和储存设施风险基准：GB 36894—2018 [S]. 北京：中国标准出版社，2018.

[16] 全国雷电防护标准化技术委员会. 雷电灾害应急处置规范：GB/T 34312—2017 [S].

申 请 书

申请单位（公章）：________________________

申请项目：________________________________

设计阶段：__________施工图设计__________

申请日期：________年________月________日

<table>
<tr><td rowspan="4">项目情况</td><td>名　称</td><td colspan="3"></td></tr>
<tr><td>地　址</td><td colspan="3"></td></tr>
<tr><td>建设规模</td><td colspan="3">建筑单体________栋（座）；总建筑面积_______平方米；
最高建筑高度________米；总占地面积_________平方米。</td></tr>
<tr><td>使用性质</td><td colspan="3"></td></tr>
<tr><td rowspan="3">建设单位</td><td>名　称</td><td colspan="3"></td></tr>
<tr><td>地　址</td><td></td><td>邮政编码</td><td></td></tr>
<tr><td>联 系 人</td><td></td><td>联系电话</td><td></td></tr>
<tr><td rowspan="4">设计单位</td><td>名　称</td><td colspan="3"></td></tr>
<tr><td>地　址</td><td></td><td>邮政编码</td><td></td></tr>
<tr><td>资质证编号</td><td></td><td>资质等级</td><td></td></tr>
<tr><td>资格证编号</td><td></td><td>联系电话</td><td></td></tr>
</table>

易燃易爆品、化学危险品情况

品　名	数量（吨/年）				
	生产	使用	储存	运输	经营

<table>
<tr><td colspan="2">电子信息系统情况</td></tr>
<tr><td>系统名称</td><td>系统结构及设备配置</td></tr>
<tr><td></td><td></td></tr>
<tr><td></td><td></td></tr>
<tr><td></td><td></td></tr>
<tr><td></td><td></td></tr>
<tr><td></td><td></td></tr>
<tr><td></td><td></td></tr>
<tr><td colspan="2">设计简介：
经办人：　　　　年　月　日</td></tr>
<tr><td colspan="2">申请单位（公章）：　　　　经办人：　　　　年　月　日</td></tr>
<tr><td colspan="2">办理结果：
气象主管机构（公章）：　　　　经办人：　　　　年　月　日</td></tr>
</table>

附录B 防雷装置竣工验收申请书

申 请 书

申请单位（公章）：________________

申请项目：________________

申请时间：________年________月________日

<table>
<tr><td colspan="2">项目名称</td><td colspan="3"></td></tr>
<tr><td colspan="2">项目地址</td><td colspan="3"></td></tr>
<tr><td colspan="3">《防雷装置设计核准意见书》编号</td><td colspan="2"></td></tr>
<tr><td colspan="3">《防雷装置检测报告》编号</td><td colspan="2"></td></tr>
<tr><td colspan="2">开工时间</td><td></td><td>竣工时间</td><td></td></tr>
<tr><td rowspan="3">建设单位</td><td>名　称</td><td colspan="3"></td></tr>
<tr><td>地　址</td><td></td><td>邮政编码</td><td></td></tr>
<tr><td>联系人</td><td></td><td>联系电话</td><td></td></tr>
<tr><td rowspan="4">设计单位</td><td>名　称</td><td colspan="3"></td></tr>
<tr><td>地　址</td><td></td><td>邮政编码</td><td></td></tr>
<tr><td>联系人</td><td></td><td>联系电话</td><td></td></tr>
<tr><td>资质证编号</td><td></td><td>资质等级</td><td></td></tr>
<tr><td rowspan="5">施工单位</td><td>名　称</td><td colspan="3"></td></tr>
<tr><td>地　址</td><td></td><td>邮政编码</td><td></td></tr>
<tr><td>资质证编号</td><td></td><td>资质等级</td><td></td></tr>
<tr><td>资格证编号</td><td colspan="3"></td></tr>
<tr><td>现场负责人</td><td></td><td>联系电话</td><td></td></tr>
<tr><td rowspan="2">项目概况</td><td>防雷类别</td><td colspan="3"></td></tr>
<tr><td colspan="4">注：对建设工程而言，应有单体建筑名称、数量、总建筑面积等信息。</td></tr>
<tr><td colspan="5">送审材料：
1.《防雷装置竣工验收申请书》；　2.《防雷装置设计核准意见书》；
3.施工单位和人员的资质、资格证书；　4.防雷装置竣工图；
5.防雷产品安装记录；　6.防雷产品出厂合格证书；
7.防雷产品测试报告；　8.《防雷装置检测报告》。</td></tr>
</table>

<table>
<tr><td>建设单位（公章）：

经办人：
年 月 日</td><td>施工单位（公章）：

经办人：
年 月 日</td></tr>
<tr><td colspan="2">防雷装置检测机构（公章）：

经办人： 年 月 日</td></tr>
<tr><td colspan="2">气象主管机构（公章）：

经办人： 年 月 日</td></tr>
<tr><td colspan="2">办理结果：

经办人： 年 月 日</td></tr>
</table>